SECOND MÉMOIRE

SUR

LE BALISAGE

ET LA

NAVIGATION DESCENDANTE

DE LA DORDOGNE,

DE BORT A ARGENTAT.

On peut dire qu'il n'est pas une contrée dans le monde, où l'on compte autant et d'aussi belles Rivières que celles de France, et dont la navigation soit plus facile à perfectionner, ou plutôt à établir, car elle est partout dans l'enfance et la barbarie.

Mémoires sur les travaux publics, par CORDIER, ingénieur en chef, tome 1er, page CIV.

Clermont-Ferrand,

IMPRIMERIE DE PEROL, RUE BARBANÇON, N° 2.

1837.

NAVIGATION INTÉRIEURE.

COURS

DE

LA DORDOGNE.

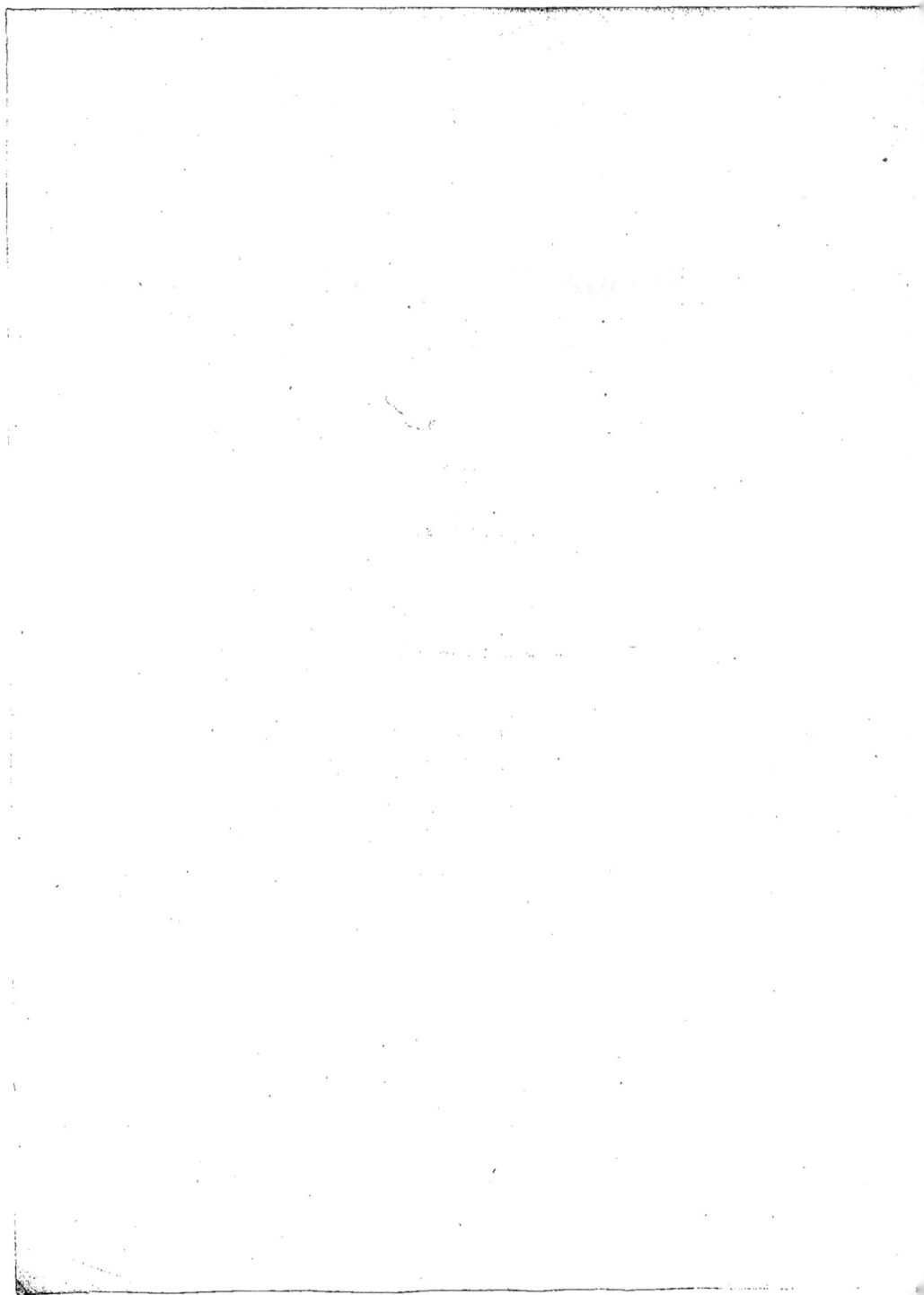

MÉMOIRE

SUR

LE BALISAGE

ET

LA NAVIGATION DESCENDANTE

DE LA DORDOGNE.

CHAPITRE Ier.

CONSIDÉRATIONS GÉNÉRALES
SUR LE PERFECTIONNEMENT DU LIT DES RIVIÈRES.

L'usage de perfectionner le lit des fleuves et des rivières pour établir la navigation, remonte aux temps les plus reculés. C'est en rétrécissant et en déblayant plusieurs affluens du Tibre, que les Romains parvinrent à les rendre navigables. Les blocs énormes qui ornent quelques-uns des monumens publics de Rome, disent assez qu'ils ne purent être transportés qu'à l'aide des voies hydrauliques. Comment aurait-on pu, d'ailleurs, sans le secours de cette force puissante et économique, amener dans la métropole du monde tous les matériaux qui venaient des Apennins? L'Italie ne reçut pas seule ces améliorations fluviales, les Romains les étendirent à leurs diverses conquêtes, et notamment à l'Espagne, qui vit un moment le cours de ses fleuves remonté par les galères des vainqueurs. La nation espagnole, si déchue aujourd'hui de son ancienne splendeur, a perdu une partie de ces avantages. L'action destructive des eaux, le temps et le défaut d'entretien ont ruiné en partie les grands travaux (1) qui avaient marqué le passage des Romains. Les Gaulois, encore si peu connus de nos jours, jouissaient, bien avant les guerres de César, d'une navigation très-florissante. Selon le géographe Strabon, qui parcourut toutes les Gaules, les bateaux circulaient de son temps, non-seulement sur les principaux cours d'eau, mais encore sur les plus petites rivières (2). Il est vrai que le commerce, base de la prospérité des nations, était fort en honneur chez ce peuple, et que les chefs des différentes provinces regardaient le perfectionnement des fleuves comme un des meilleurs moyens d'accroître ses heureux effets (3). En vue, sans doute, de faciliter l'échange des marchandises de l'intérieur avec celles de l'extérieur, ils avaient établi à l'embouchure des principales rivières, des compagnies de marchands connues sous le nom de *nautes* (4). Ces corporations jouissaient du droit exclusif de faire les transports; mais, en retour de cette concession, elles devaient les exécuter promptement et à des prix modérés. Lorsque les Romains devinrent les maîtres du pays, ils conservèrent ces sociétés dans tous leurs priviléges; aussi, ni le commerce ni la navigation n'eurent à souffrir de la conquête ou du changement de gouvernement. Il n'en fut pas de même quand la domination romaine fut contrainte de se retirer devant les Francs et les autres Barbares d'outre-Rhin. Ces nouveaux conquérans, n'écoutant qu'une aveugle cupidité, remplacèrent des règlemens sages et utiles par tous les genres de vexations : ils imposèrent des droits sur les bateaux, qui payaient autant que la valeur de leur chargement. La puissance féodale, qui vint après, ne fut guère plus favorable à la navigation; elle s'attribua la propriété exclusive des cours d'eau. Peu jalouse de protéger l'industrie, elle restreignit aux rivières principales les routes ouvertes aux transports

(1) *Itinéraire en Espagne*, par M. DE LABORDE, tome IV, page 408.
(2) STRABON, livres III et IV.
(3) *Histoire de l'Administration en France*, par COSTAZ.
(4) *Histoire de la Navigation*, par DUTENS, tome I, page 13.

par eau. Chaque seigneur, agissant en souverain, mettait des barrières et assujettissait les bateliers à des péages qui se renouvelaient à la limite de chacun des domaines qu'il fallait traverser; voilà pourquoi tant de rivières qui étaient alors navigables ne le sont plus aujourd'hui. L'invention des moulins, introduite par les Romains au quatrième siècle, avait déjà été funeste à la navigation fluviale, par l'établissement des barrages. C'est à cette époque reculée qu'il faut remonter pour trouver l'origine de la lutte qui existe toujours entre les propriétaires de ces usines et les navigateurs. Il est vrai que dans certaines circonstances l'industrie retirait de grands avantages de ces établissemens, et que dans d'autres ils aidaient même à la navigation, en élevant les eaux et en modérant leur vîtesse. Tel est le principe qui a donné naissance à la canalisation des rivières. Grâce aux progrès de l'art, on peut aujourd'hui construire des barrages qui font la fortune des industries particulières sans nuire à l'intérêt général : malheureusement les constructeurs, guidés par des vues intéressées, éludent souvent les lois protectrices de la navigation et négligent les conseils des hommes de l'art. Il est de la plus grande importance que l'autorité réprime ces infractions dommageables et veille à ce qu'elles ne se renouvellent plus.

Pendant que la France se débattait dans les liens de la puissance féodale, les Anglais, préludant, dès le treizième siècle, à la prospérité de leur commerce, établirent dans leur grande charte la clause expresse que le cours de toutes les rivières serait libre. En exécution de cette sage mesure, un acte du parlement de 1351, sous le règne d'Edouard III, prescrivit la démolition des barrages de toute espèce qui nuisaient à la navigation. Cette loi fut exécutée malgré les plaintes des grands qui s'y opposaient par tous les moyens possibles. Leur mauvais vouloir à cet égard, nuisant aux intérêts publics, on nomma, en 1425, sous le règne de Henri VI, une commission de marchands pour reconnaître les défectuosités de la rivière de Lée, qui se jette dans la Tamise (1). Depuis cette époque jusqu'à nos jours, les An-

---

(1) *Voyage dans la Grande-Bretagne*, par C. DUPIN, tome V, page 69.

glais n'ont pas cessé de s'occuper de l'amélioration de leurs rivières. La Tamise elle-même, sans les travaux d'art, ne serait qu'imparfaitement navigable, à cause des crues d'hiver et des sécheresses d'été. De la mer à Richemond, elle est resserrée par des digues qui la rendent plus profonde, et de cette ville à sa source, la navigation n'est possible qu'à l'aide de barrages et d'écluses. L'on verra dans le chapitre suivant, que ce peuple industrieux voulut, pendant qu'il était maître du Périgord, étendre à cette contrée les bienfaits des routes par eau.

Nos rois, trop occupés par les guerres civiles et étrangères, ne purent procurer d'aussi bonne heure ces grands avantages au commerce de la France. Cependant les idées utiles se firent jour et tirèrent les populations, même les plus éloignées de la capitale, de la barbarie dans laquelle elles étaient plongées. Le flottage, qui s'introduisit en 1450, montra tout le parti qu'on pourrait tirer des plus petites rivières. Voici comment s'exprimait le duc d'Anjou, depuis Henri III, en écrivant au bailli de Montbrison, Mʳ. d'Urfé, au sujet de la Loire. « Ayant entendu les grandes commodités et profits que » mes sujets du pays du Forez recevraient si la rivière de Loyre » portait bateaux jusqu'à St-Rembert, j'ai fait requête au roy, mon » très-honoré seigneur et frère, de vouloir envoyer un sien ingénieur, » nommé Craponne, homme véritable et expérimenté en toutes choses » pour visiter ladite rivière, qui à son retour a rapporté que la chose » est facile et faisable, offrant de rompre et briser les rochers qui » empêchent ladite navigation comme vous le verrez par l'offre qu'il en » a faite dont je vous envoie la copie des descriptions par lui pro- » posées, et parce qu'en toutes choses je désire embellir, augmen- » ter, soulager et supporter ledit pays pour l'affection particulière » que je porte à mesdits sujets. » (1)

Votre bon amy HENRY,

De Blois, le 20 avril 1572.

---

(1) *Histoire du Forez*, par BERNARD.

Cette lettre montre très-bien qu'on appréciait alors toute l'utilité qu'on pouvait retirer du perfectionnement des rivières. Néanmoins le peu de ressources du souverain étant absorbé par la guerre, cette entreprise fut ajournée comme bien d'autres. Reprise et abandonnée plusieurs fois, elle ne fut achevée qu'en 1702, par la compagnie Lagardette, qui avança les fonds nécessaires moyennant un droit de péage. Le nombre des bateaux de descente, qui n'était en 1702 que de 200, s'est élevé en 1832 à 2,400. Les droits, perçus par le gouvernement par suite d'arrangement avec la compagnie, ont monté de 3,000 à 40,000 fr. Quant au mouvement de capitaux que cette simple opération a mis en circulation, il est de près d'un million par an. L'on doit juger par là de tous les avantages qu'en retire le pays. Ces travaux, d'une étendue d'environ 75 kilomètres, ont coûté de trois à quatre cent mille francs.

Au reste, nous trouvons en Auvergne un nouvel exemple à citer : c'est le balisage de l'Allier de Brassac au Pont-du-Château. Avant qu'on eût songé à exécuter ce travail important, les bateaux partaient seulement de Vichy. Colbert voulut livrer à la circulation et au commerce le riche bassin houiller qui se trouve près de Brioude. Les travaux de nettoiement commencés pendant son administration, ne finirent que sous le règne de Louis XV. Aujourd'hui, cette communication livre à la circulation plus de 600,000 hectolitres de houille, qui emploient plus de 2,000 bateaux. Le mouvement qui résulte de ce commerce est de plus de sept cent mille francs, qui se divisent, comme sur la Loire, entre les extracteurs, les propriétaires, les scieurs de long, les cloutiers et les charpentiers. Ces deux entreprises, faites pour ainsi dire dans le même temps et dans deux provinces limitrophes, prouvent combien il est utile de baliser les rivières qui traversent des bassins houillers.

La création des canaux occupa particulièrement le règne de Henri IV. C'est à ce prince qu'est dû l'honneur d'avoir joint le premier, au moyen d'un canal, des bassins séparés par une chaîne de montagnes. Indépendamment de ces grands travaux, il améliora quelques rivières de l'ouest de la France, entr'autres la Baïsse, qui est un affluent de la Garonne. On avait construit sur cette petite rivière des écluses à sas, pour franchir les barrages des moulins. Le défaut d'entretien l'a rendue à son état primitif (1). Louis XIV se fit le continuateur des utiles projets du bon Henri, et les peuples étonnés virent l'exécution gigantesque de cette grande idée d'unir l'Océan à la Méditerranée. Ces immenses travaux et les idées qu'ils firent naître, dûrent nécessairement influer sur les perfectionnemens à apporter au lit des rivières. Les Anglais eux-mêmes, qui n'avaient pas à cette époque une seule ligne de navigation artificielle, prirent pour modèles les canaux de Briare et de Languedoc. Le duc de Bridegwater, grand propriétaire de mines de houille, eut la pensée d'en établir un pour transporter à bas prix le produit de son exploitation à Manchester. Le succès le plus complet couronna cette entreprise. La nation toute entière, électrisée par ce beau résultat, forma des associations qui permirent de hâter la confection des travaux publics sans recourir aux caisses de l'État. Pendant un demi-siècle on ne songea qu'à faire des canaux et à creuser des docks. Les obstacles les plus sérieux disparurent sous la main habile des ingénieurs; des montagnes furent percées pour ouvrir un passage aux eaux, et la profondeur des vallées fut franchie par des aqueducs d'une construction aussi solide que gracieuse. Des bateaux, portant avec célérité et économie les produits de l'industrie, circulèrent sur tous les points des trois royaumes. Par suite, le peuple anglais put vendre avec plus d'avantage ses marchandises sur tous les marchés du Globe. Il dut à ces grands travaux et aux ingénieuses inventions de Watt, de sortir riche d'une lutte européenne qui avait appauvri toutes les autres nations.

Au milieu de cet élan général vers la navigation intérieure, le parlement, inquiet de voir abandonner le cours des rivières, jugea convenable de faire une enquête pour connaître les motifs qui faisaient donner la préférence aux canaux. Dans l'un de ces interrogatoires, l'ingénieur Brindley, auteur du canal de Manchester, discutait avec chaleur les avantages des canaux, qui permettent d'aller et de revenir sans

---

(1) *Recherches et Considérations sur les Canaux*, par M. DESCHAMPS, page 40.

l'inconvénient des courans. Pourquoi, lui dit un membre qui ne partageait pas son opinion, pensez-vous donc que la Providence nous ait donné de si belles rivières? C'est, répondit aussitôt Brindley, pour alimenter les canaux artificiels. Quoique probablement le célèbre ingénieur ne crût pas lui-même, sans restriction, à cette destination qu'il donnait aux rivières, cette réponse sortie de la bouche d'un homme de génie qui avait complètement réussi dans l'exécution de ces grandes entreprises qu'il recommandait avec enthousiasme, fit une profonde sensation. Au reste, s'il fallait admettre le système de Brindley dans toute sa rigueur, c'est en Angleterre qu'il serait possible de l'appliquer, plutôt que dans les pays qui n'ont pas comme elle les avantages d'une position insulaire. Néanmoins, lorsque la paix eut réuni les peuples, le goût des canaux repassa le détroit, et un grand nombre de Français prirent au sérieux l'opinion de l'ingénieur anglais. On voulut à tout prix imiter nos voisins et faire des choses extraordinaires, sans songer à proportionner les dépenses aux produits probables. Cette effervescence industrielle entraîna le gouvernement et les particuliers dans des entreprises hasardeuses et difficiles. Que de canaux commencés sont restés imparfaits, tandis qu'à peu de frais l'on aurait amélioré le cours des rivières! Il n'entre pas dans notre pensée d'établir de parallèle entre les avantages des deux systèmes. Il ne peut y avoir, selon nous, de préférence absolue à cet égard, car tout dépend des positions. Il est des lieux qui exigent impérieusement un canal à point de partage; par exemple, lorsqu'il faut unir deux bassins, comme à Briare. Les rivières, au contraire, doivent être préférées, lorsqu'on peut enlever avec économie les obstacles qui encombrent leur lit, et obtenir par des travaux d'art peu dispendieux le tirant d'eau nécessaire à la marche des bateaux. L'on ne doit pas perdre de vue qu'elles sont en possession de faire les transports au plus bas prix possible; qu'on peut les améliorer sans détourner le cours naturel des eaux; que ces améliorations ne dérangent en rien la direction des affluens; qu'elles ne donnent pas lieu à des expropriations coûteuses, et enfin que l'on profite des travaux à mesure qu'ils s'exécutent. « C'est » faute d'études et d'observations, dit M. Deschamps, que l'on a substitué quelquefois et que l'on voudrait substituer encore des canaux artificiels ou latéraux à ceux fournis par la nature.

» En aidant celle-ci dans les ressources qu'elle présente à l'art, on
» peut, avec moins de dépenses, faire servir les rivières au plus éco-
» nomique des moyens de circulation intérieure (1).

L'opinion d'un juge aussi compétent est bien faite pour attirer de nouveau l'attention générale vers le perfectionnement du lit
des rivières. Les travaux qu'elles exigent n'offrent pas de difficultés :
c'est toujours des digues, des barrages, des épis; quelquefois même
il suffit d'extraire les rochers et les pierres roulantes qui arrêtent et
entravent le cours de l'eau. Tels sont les moyens qui ont été employés
pour endiguer les fleuves d'Italie et les torrens de la Suisse. La Jeune
Amérique a compris qu'elle pouvait appliquer ce système aux grandes
rivières qui la traversent en tous sens. J'en citerai un exemple, parce
que les travaux ont dû différer essentiellement de ceux en usage sur
notre continent. Le Mississipi roulait, il y a vingt-cinq ans, l'immense
volume de ses eaux à travers plusieurs milliers de lieues de pays où se
montraient à peine quelques tribus errantes. Dans certains endroits, la
violence du courant semblait défier la force de l'homme; dans d'autres,
des arbres énormes arrachés aux forêts voisines, et fixés dans la vase,
des joncs et toutes sortes de plantes aquatiques, formaient des barrières
insurmontables. Grâce au courage et à l'intelligence des ingénieurs
américains, des bateaux à vapeur sillonnent aujourd'hui sans difficulté ce fleuve magnifique, et au lieu de la hutte indienne et de la ba-
raque du planteur, des villages nombreux fleurissent sur ses bords (2).

Les travaux à faire sur les rivières sont devenus plus faciles par
l'application de la drague à vapeur et de plusieurs autres inventions
très-ingénieuses. En 1816, la rivière de Clyde, près de Glascow, ne
présentait, à la basse-mer, que trois ou quatre pieds de fond sur
un trajet de plusieurs milles; et même vis-à-vis Bowling-Bay, il y
avait un bas-fond où l'eau avait encore moins de profondeur. Eh bien!
au moyen de la drague, les Anglais l'ont portée à quinze pieds, afin

---

(1) *Recherches et Considérations sur les Canaux*, par M. Deschamps, inspecteur-général des
ponts-et-chaussées, page 58.

(2) *Traité de l'Économie des Machines*, par Babage, traduit de l'anglais par Ed. Biot.

que les vaisseaux qui exigent ce tirant d'eau, puissent arriver à Glascow, même à la basse-mer. Cette même machine a enlevé 90,000 tonneaux de gravier en une année dans le lac de Doughfour qui se trouve sur le canal Calédonien (1). On a essayé, au port de Rouen, des bateaux dragueurs à manége, mais il a été reconnu que le travail des chevaux, à dépense égale, ne produisait pas le quart de celui qu'on obtenait d'une machine à vapeur.

Lorsqu'on étudie avec soin tous les avantages de la navigation, l'on voit avec peine combien nous sommes restés en arrière de nos besoins. C'est faute de débouchés commodes que la moitié de nos productions naturelles et fabriquées restent sans valeur. Que faire des richesses minérales qui sont enfouies dans la terre sans le secours des rivières pour les transporter? Comment exploiter la houille, le minérai de fer, les marbres, le bois et toutes les matières pesantes, lorsque la voiture double et triple leur valeur? Ces divers produits sont cependant les élémens indispensables de tous les établissemens industriels. Non-seulement nous ne pouvons pas arriver sur les marchés étrangers, mais ce qui est bien plus fâcheux, nous sommes forcés de nous éloigner, pour certains produits, du marché national. Aussi, jusqu'à ce que nos rivières soient perfectionnées, la situation avantageuse de nos voisins exige le maintien des droits protecteurs et l'abolition presque complète des droits de navigation. Telle a été l'opinion unanime de la commission chargée par la chambre des députés de vérifier la loi des douanes (2). La loi elle-même du 30 floréal an X appliquait tous ces droits de navigation à l'amélioration des rivières.

La France doit s'occuper avec persévérance et courage de l'important travail des améliorations fluviales, car elle compte 5,000 rivières, dont 300 au moins sont navigables. D'après des calculs qui sont dressés avec soin, elle fera, après l'achèvement de toutes les communications projetées, une économie de deux cent cinquante millions dans les frais de transport. Cette économie, quoique immense, est peu de chose

---

(1) HUERNE DE POMMEUSE, supplément au liv. III, page 50, *Dictionnaire technologique des Arts et Métiers*, au mot drague.

(2) *Moniteur* du 6 avril 1836, page 637.

à comparer aux avantages que retirera l'industrie, qui pourra alors se répandre de la circonférence dans toutes les parties de l'intérieur. Quelqu'éloigné que soit cet avenir, nous ne devons pas moins tâcher d'y atteindre. L'opinion de M. Cordier, qui l'écrivait en 1823, à son retour de la Grande-Bretagne, est fort encourageante. La voici : « La » comparaison des départemens intérieurs de France les moins favori-» sés et des comtés d'Angleterre les plus riches, nous a convaincus » que les principales causes des contrastes qu'on remarque avec peine, » doivent être attribuées à la différence de l'état des rivières dans » les deux royaumes. Aussi proposons-nous le perfectionnement des » fleuves comme les travaux qui doivent appeler en première instance » toute la sollicitude du gouvernement (1). »

Soit mauvaise répartition des fonds alloués pour les améliorations générales qui doivent s'étendre à tout le territoire, soit faveur de l'administration, les provinces du Nord avaient une navigation fluviale beaucoup plus perfectionnée que celles du Midi. Le Gouvernement, dans sa juste sollicitude pour la prospérité de toutes les parties du royaume, vient de commencer à réparer cette inégalité. Des fonds considérables ont été votés en 1835 et 1836 pour perfectionner le lit de la Garonne, du Lot, du Tarn, de l'Isle, de la Midouze, de la Basse-Dordogne et de plusieurs autres voies fluviales. C'est avec une bien douce espérance que nous signalons la large distribution qui a été accordée à quelques-unes de ces rivières, particulièrement au Lot, parce que nous pensons que la même faveur s'étendra in-cessamment à la Haute-Dordogne. Nous serons heureux si nos re-cherches peuvent contribuer, en quelque degré, à attirer l'attention de l'administration et hâter la mise à exécution de cette entreprise si vivement désirée. La province qui a donné naissance à Pascal verra au moins réaliser, à ses frontières, cette pensée ingénieuse et profonde par laquelle l'auteur des *Provinciales* exprime en peu de mots toute l'utilité des voies hydrauliques : « *Les rivières sont des chemins qui marchent et qui portent où l'on veut aller* (2).

---

(1) *Mémoires sur les Travaux publics*, tome I, page 110
(2) *Pensées de Pascal*, XXXVIII, article X, page 174.

CHAPITRE II.

PRÉCIS HISTORIQUE

SUR LES TRAVAUX PROJETÉS ET ENTREPRIS POUR PERFECTIONNER LE LIT DE LA DORDOGNE.

> La Dordogne, par son développement de plus de cent lieues, pourrait le disputer à plusieurs fleuves.
> *Histoire de la Navigation,* par Dutens, introduction, page ix.

La Dordogne, et ses affluens, l'Isle et la Vézère, sont des lignes navigables trop importantes pour n'avoir pas attiré dans tous les temps l'attention des administrateurs éclairés. Les populations étaient encore plongées dans la barbarie, qu'Elie de Beaumont, qui était comte et gouverneur du Périgord, voulut canaliser la rivière de l'Isle, ou tout au moins la rendre navigable. Il est dit dans de vieilles chroniques, qu'il commença à s'en occuper dès 1244. Son intention était de conduire cette voie hydraulique jusqu'à Périgeux, en construisant des barrages semblables à ceux qui ont été faits et abandonnés tour à tour de 1696 à 1761. Nos ingénieurs mettent en ce moment la dernière main à ce travail, juste six siècles après qu'il a été commencé (1). Un voyage à la Terre-Sainte, qui était alors de

(1) Rapport au Roi, publié en 1820, par le directeur général des ponts-et-chaussées.

rigueur, força l'auteur de ce projet, remarquable pour l'époque où il fut conçu, à en ajourner l'exécution. Les Anglais, jaloux d'attacher ces contrées à leur domination, en les enrichissant par des travaux utiles, tentèrent, en 1305, d'appliquer ces plans non-seulement à l'Isle, mais aussi à d'autres rivières de la Guienne. Une Charte, datée de Westminster, le 8 avril de l'an 35 du règne d'Edouard, adressée à la fois au sénéchal d'Aquitaine et à celui du Périgord, les charge d'examiner ces améliorations fluviales. L'original de cette pièce, avec tout ce qui se rattache à l'occupation militaire de ces provinces, est conservé soigneusement dans la tour de Londres (1). La puissance des Anglais en Limousin dura depuis le traité de Brétigny, en 1465, jusqu'en 1562, où l'on parvint à les chasser entièrement de ces belles contrées. Néanmoins, les projets de perfectionnement de la Dordogne ne reçurent pas d'exécution, parce que cette rivière forma tantôt la limite de France et tantôt ses bords furent le théâtre d'une guerre acharnée.

Dans les états tenus à Montignac en 1597, le duc de Bouillon, commissaire du roi, exposa les avantages immenses qu'il y avait à rendre la Dordogne navigable jusqu'à Souillac. Il faut bien qu'il ait été donné suite à ces propositions, puisque les bateaux remontent sans peine, sauf le passage de la Gratusse, jusqu'à ce port, qui est l'entrepôt des marchandises destinées pour l'intérieur du Limousin et de la Haute-Auvergne. On s'en occupa de nouveau sous le règne de Henri IV, afin de faciliter de plus en plus les relations commerciales entre l'est et le sud-ouest de la France. Quelle rivière pouvait être plus utile sous ce rapport que la Dordogne? Par suite on imposa, en 1609, les généralités de Brives et de Sarlat à 150,000 fr.: les événemens funestes qui couvrirent le pays de deuil l'année suivante, empêchèrent de s'occuper davantage de cette entreprise. Délaissée pendant le règne de Louis XIII, elle fut reprise sous celui de Louis XIV, si fertile en grandes conceptions. Il imposa à leur tour les généralités de Bordeaux et de Limoges, qui devaient prendre part

---

(1) *Histoire d'Aquitaine*, par Verneilh-Puiraseau, tome 1, page 88.

aux avantages de cette navigation, à une somme de 120,000 fr. (1). En même temps qu'on cherchait à perfectionner les deux plus beaux affluens de la Dordogne, l'Isle et la Vézère, cette rivière n'était pas oubliée; on s'occupait de la baliser jusqu'à Bort. Ce qui paraît difficile à croire, et témoigne d'un goût de perfectionnement incroyable, c'est que la même compagnie qui s'était chargée d'améliorer la Dordogne, devait en même temps nettoyer le lit de la Rue, un des torrens les plus impétueux du Cantal. Les faits que nous avançons sont consignés dans des pièces très-intéressantes, déposées aux archives du royaume sous le nom du vicomte de Turenne. On remarque parmi ces documens, qui dûrent le jour à un procès entre les habitans de ces contrées et les entrepreneurs du balisage, un arrêt imprimé, daté de 1730, qui explique que les sieurs Belleville et consorts furent chargés, en 1706, de rendre flottables et navigables les rivières de la Dordogne, de Rue et de Trentaine. Il paraît que cet ingénieur dissipa l'argent donné à titre de subvention sans remplir ses engagemens, puisqu'un autre arrêt de 1706 résilia le marché et lui ordonna de rendre huit mille francs qui lui avaient été avancés. En outre, et comme complément de cette sentence, l'on fit une estimation des ustensiles et le détail de tous les travaux. Le premier entrepreneur étant débouté, un nouvel arrêt de 1718 autorisa le marquis de Brancas à prendre lui-même la suite de l'entreprise. Ce nouvel entrepreneur s'en occupa avec une si grande activité que, le 20 décembre 1728, dix ans après, il était prêt à livrer les travaux. L'intendant ne pouvant pas, à cause d'autres occupations, les visiter immédiatement pour les recevoir, arrêta qu'on percevrait provisoirement les droits ci-après :

Pour un quart de merrain, composé de 300 duelles et 150 fonds, ci . . . . 5 fr. 00 c.
Cent planches de 6 pieds, 1 pouce d'épaisseur 4 00
Les autres longueurs et épaisseurs dans la même proportion.
Cent pièces d'équarrissage, mesure du Châtelet 5 00

---

(1) *Mémoire sur la Canalisation de la Vézère*, Annuaire de la Corrèze, année 1825.

Pour une brasse de bois à brûler de 5 pieds et demi
en carré.. o o5
Charbon de bois et de *terre*, mesure de 4 pieds cubes... o o4
Le quarantième de la valeur sur toutes les autres marchandises.

Le marquis de Brancas avait réclamé des droits plus forts. Il voulait percevoir 7 fr. 5o c. sur les deux premiers articles, et ainsi de suite.

D'autres pièces nous apprennent que le sieur de Vic était l'ingénieur de M. de Brancas; c'est le même dont il est parlé dans les lettres de Legrand d'Aussy comme ayant fait sans succès un barrage au saut de la Saule (1).

La perception provisoire du tarif ci-dessus amenta tout le pays contre le concessionaire. Les habitans de Bort et d'Argentat se réunirent pour soutenir qu'il n'avait rien fait de bien; qu'à la vérité il avait miné divers rochers, entre autres le Malpas, mais que loin de faciliter la navigation il l'avait entravée. M. de Turenne, qui réclamait pour la ville d'Argentat, faisait valoir que les travaux étaient incomplets, et que par suite plusieurs bateaux avaient péri.

L'arrêt de 1730 se termine par ordonner une enquête pour constater le véritable état des lieux. Nous ignorons quel en fut le résultat; car les procès-verbaux, si toutefois ils existent, ne sont pas parmi les pièces.

L'on trouve encore joint au dossier un traité privé, postérieur à cette décision, entre le marquis de Brancas et le vicomte de Turenne, qui affranchit de tous droits de navigation les marchandises provenant ou à la destination de la vicomté de ce dernier. Postérieurement à cette époque, l'on ne trouve que quelques traces de correspondance qui disparaissent en 1733.

Nous oublions de dire qu'il paraît résulter de la lecture des pièces de ce procès, que la ville de Bordeaux s'intéressait alors vivement au perfectionnement de la Dordogne jusqu'à Bort. On y voit aussi qu'elle se prononça fortement contre M. de Brancas dans les débats

_____

(1) Voyez le premier Mémoire publié en 1830.

sur le tarif provisoire, appuyant son droit sur l'impôt qu'elle avait payé en 1680 pour faciliter cette réparation.

Il est aussi du plus grand intérêt de remarquer que même à cette époque, la houille de Champagnac était regardée comme un article susceptible d'être embarqué en grand sur la Dordogne, puisqu'on en fixait le tarif à un prix très-modéré.

Les causes qui arrêtèrent les travaux et qui firent négliger d'entretenir ceux qui étaient terminés, nous sont inconnues. Le sacrifice sur le tarif fait par M. de Brancas, seigneur de Bort, à M. de Turenne, seigneur d'Argentat, semblait avoir terminé leur querelle. Quelqu'autre incident survint probablement, ou le gouvernement, trop occupé d'autres affaires, négligea celle-là. Peut-être aussi l'idée de construire un jour un canal dans cette direction contribua-t-elle à l'abandon de cette modeste mais utile entreprise.

L'on trouve cependant, en compulsant les archives de la Table de marbre établie à Saint-Flour, que l'administration forestière ne cessa jamais d'en réclamer l'exécution, comme le seul moyen d'ouvrir un débouché aux nombreuses forêts qui couvrent la Haute-Auvergne.

Si, passé l'époque dont je viens de parler, l'on ne trouve plus de pièces pour constater qu'on s'est occupé de la Dordogne au-dessus d'Argentat, il n'en est pas de même de la Vézère. Cette rivière fut visitée en 1752 par M. Polard, ingénieur de la province, qui jugea le perfectionnement de son lit très-possible; puis par M. Malpeyre de Sillon, qui en démontra les avantages dans un mémoire lu en 1765 à la société d'agriculture de Brives. Un arrêt du 13 avril 1765 ordonna la rédaction des projets qui embrassent dans leur ensemble une partie de la Dordogne. Vint ensuite M. Tressaguet qui en rendit les meilleurs témoignages (1). On rapporte encore que le comte de Provence, depuis Louis XVIII, frappé dans un de ses voyages de l'utilité de cette ligne navigable, en fit confier l'étude à M. Bremontier, un des meilleurs ingénieurs de cette époque. L'Encyclopédie

---

(1) DUTENS, *Histoire de la Navigation*, tome 1, page 628. — *Histoire de la Navigation,* par HUERNE DE POMMEUSE.

méthodique, imprimée en 1784, parle de ce projet comme ayant été adopté par le conseil d'Etat. Nous devons encore citer parmi les hommes qui s'en occupèrent, le célèbre Turgot. Rien de ce qui intéressait le bien public pouvait-il se faire si près de lui sans qu'il y prît part? Il fit dresser, par un ingénieur nommé Cormeau, le plan d'un canal de la Dordogne à Limoges, en suivant la Vézère (1). Néanmoins, sauf quelques améliorations partielles, les choses en restèrent là. Sous le gouvernement impérial, le département de la Dordogne fut imposé à deux centimes additionels de ses contributions par décision du conseil d'Etat du 16 septembre 1807. C'était dans le but d'améliorer le passage de la Gratusse; mais les fonds, vu les besoins du moment, furent comme ceux de navigation détournés et employés ailleurs. Pendant cette grande époque de Napoléon, aussi célèbre par les travaux publics que par ses fastes militaires, l'on étudia pour la seconde fois les projets d'un canal qui devait remonter le cours de la Dordogne, soit dans le lit même de la rivière, soit latéralement; puis, après avoir passé Argentat et Bort, suivre les vallées du Sioulet et d'Andelot, traverser l'Allier à la hauteur de Varenne et aller s'emboucher dans la Loire au-dessous de Digoin par la vallée de la Bèbre (2). Il fut question aussi d'un plan pour réunir la Dordogne au canal du Languedoc, en allant de cette rivière au Lot, du Lot à l'Aveiron, de l'Aveiron au Tarn, et du Tarn au bief de partage de cet immense canal. La jonction de la Dordogne au Lot devait passer par Alzon, arriver à la Selle, à Figeac, et gagner par un souterrain le Lot près Capdenac. Le canal aurait eu une longueur de 57,600 mètres, et aurait coûté 5,562,000 (3). Celui pour unir la Dordogne à la Loire, figure au nombre de ceux consignés dans le rapport sur la navigation intérieure présenté au Roi en 1820 par le directeur général.

Ces entreprises colossales présentent trop de difficultés pour le

---

(1) *Annuaire de la Corrèze*, 1826.
(2) Dutens, *Histoire de la Navigation*, tome 2, page 323.
(3) Le même, page 332.

moment présent; d'ailleurs leurs produits ne sont pas en harmonie avec leur dépense. Des besoins plus pressans réclament les fonds dont l'Etat peut disposer.

Enfin les travaux sur la Dordogne et la Vézère furent repris en 1825 (1).

Une compagnie s'engagea, au moyen de la concession à perpétuité d'un péage, à améliorer la navigation de la Dordogne, depuis l'embouchure de la Vézère jusqu'à St-Jean-de-Blagnac, sous Castillon, sur une longueur de 138,000 mètres. Le projet que M. Conrad avait présenté pour cette opération se bornait à faire disparaître les principaux obstacles qui consistent : dans l'enlèvement de plusieurs bancs de gravier, dans l'extirpation des rochers et dans l'élargissement du chenal de navigation, dont la largeur est insuffisante, en plusieurs endroits, particulièrement au passage de la Gratusse et entre Badefol et St-Caprais. Le devis de ces travaux monte à trois cent mille francs (2). Ces moyens simples de perfectionner la rivière sont ceux que nous réclamons nous-mêmes dans notre premier mémoire, pour la partie comprise entre Bort et Argentat.

Le conseil des ponts et chaussées reconnut qu'il était utile d'améliorer le lit de la Dordogne jusqu'à Libourne, en faisant usage des procédés indiqués. Il émit en même temps le vœu que l'administration fît à ses frais la partie comprise entre Libourne et Bergerac dont le devis était évalué à cent dix mille francs, et qu'en conséquence les droits de navigation ne fussent perçus au profit de la compagnie qu'à partir de cette dernière ville jusqu'à l'embouchure de la Vézère (3).

Cette compagnie se chargea également, par le même acte, de canaliser la Vézère jusqu'à l'embouchure de la Corrèze, qui devait plus tard recevoir le même perfectionnement jusqu'à Tulle.

---

(1) *Bulletin des Lois*, du 23 juin 1825.

(2) *Annuaire de la Corrèze*, de 1825.

(3) Dutens, tome 1, page 629.

Elle devait percevoir pour 1,000 kilomètres et 5,000 mètres de distance .... 40 c.

Pour les engrais 20

Pour les bateaux vides 1 00

Pour un mètre cube de bois de construction 20

Le poids des marchandises à transporter avait été évalué à 120,000 tonneaux.

Ces travaux, commencés avec un grand luxe de construction, ont absorbé beaucoup d'argent sans amener le moindre résultat. Aujourd'hui ils sont abandonnés. On doit le dire, les difficultés à vaincre et les dépenses à faire étaient trop au-dessus des produits à retirer. Un simple balisage de la Vézère aurait procuré des avantages moins grandioses, il est vrai, mais il aurait été en revanche d'un succès assuré et proportionné au commerce très-circonscrit de cette rivière. M. Deschamps, en parlant de ce cours d'eau, dit qu'il est susceptible d'être canalisé, mais qu'il faut s'occuper d'abord de la Dordogne qui peut l'être elle-même très-facilement; qu'il est difficile de s'expliquer qui a fait donner à un affluent secondaire la préférence sur l'artère principale. Il ajoute qu'on eût pu se contenter provisoirement d'une navigation descendante ou par intermittence, et que pour cela il eût suffi de nettoyer et de baliser cette rivière (1). Il avait proposé ce plan bien avant les travaux de 1825, le 11 juillet 1818.

Quoique les affluens de la Dordogne, l'Isle et la Vézère, soient étrangers à la question qui nous occupe, nous avons cru convenable de parler de ces deux tributaires de la rivière principale, parce que leur histoire est la même, et qu'ils contribuent puissamment à la prospérité de sa navigation.

En même temps que cette compagnie travaillait à perfectionner la Vézère, d'autres personnes continuaient à s'occuper de l'union de la Dordogne à la Loire par un canal. Elles demandaient qu'on commençât à

---

(1) *Recherches et Considérations sur les Canaux*, par M. DESCHAMPS, 1er mémoire, page 37.

adjuger les travaux de Souillac à Bort, sauf à les porter plus loin à mesure qu'on aurait des fonds. — La canalisation de la Vézère leur semblait sans portée, à côté de ce grand projet. Cette opinion, soutenue par M. le comte de Vallon dans le sein du conseil général, est longuement motivée dans l'Annuaire de la Corrèze pour l'année 1827. Elle est appuyée par des mémoires publiés par le colonel Marbot et par M. Dalmas, ancien secrétaire général du département du Puy-de-Dôme. Nous devons citer encore avec reconnaissance, parmi les personnes qui se sont intéressées au perfectionnement de la Dordogne jusqu'à Bort, M. le marquis de Villeneuve, ancien préfet; ses discours annuels au conseil général du département de la Corrèze font ressortir toute l'utilité de cette entreprise. Cet habile administrateur, trop prévenu peut-être par les immenses avantages d'un canal, n'avait pas assez pesé les difficultés insurmontables d'exécution. Cependant il voulut bien accueillir notre projet avec bienveillance. S'il eût restreint ses vues, dès le commencement, à un simple balisage, tel que M. l'ingénieur en chef l'exécute en ce moment sur quelques parties de cette rivière, ses anciens administrés jouiraient probablement de la navigation descendante de Bort à Argentat.

La question réduite à cette simple opération, est aujourd'hui parfaitement comprise : l'on calcule sans peine le temps qu'il faut pour l'obtenir, le prix qu'elle doit coûter et les services immenses qu'elle peut rendre. Aussi les conseils d'arrondissemens et de départemens intéressés à en recueillir les avantages, ont-ils émis des vœux très-favorables à sa prompte exécution. Le conseil général de la Corrèze s'est même engagé, dans sa session de 1825, à fournir le tiers d'une somme de vingt-huit mille francs jugée nécessaire pour nettoyer la rivière entre Arches et Argentat. C'est par suite de cette proposition qu'une somme de onze mille francs a dû être utilisée dans le courant de 1836 pour améliorer les passages les plus difficiles.

Nous nous sommes un peu étendus sur cette esquisse historique, parce que nous tenions à faire connaître toutes les tentatives qui avaient été faites pour rendre la Dordogne navigable. Ces essais doivent servir de guide pour les travaux à faire; l'on opère avec plus de certitude lorsqu'on est éclairé par l'expérience de ses prédécesseurs. Il nous semble aussi que des populations qui sollicitent depuis un si grand nombre d'années des améliorations que l'expérience leur fait considérer comme nécessaires à leur bien-être ou à leur prospérité, ont plus de titres à la faveur du Gouvernement que celles qui sont déjà satisfaites en quelque mesure ou qui ne demandent rien. Cette persévérance est d'ailleurs une preuve certaine que des demandes si obstinées sont fondées sur des besoins réels; car ce que le temps détruit le plus sûrement, ce sont les mauvaises conceptions en fait d'utilité publique, tandis qu'il fortifie et développe celles qui sont vraiment profitables.

CHAPITRE III.

DE LA DORDOGNE

DEPUIS SA SOURCE JUSQU'A BORT.

La Dordogne sort du flanc septentrional des monts Dores, à 1700 mè-tres au-dessus du niveau de la mer (1). Non loin de sa source, elle rencontre les gisemens immenses d'une mine d'alun (2). Ce n'est d'abord qu'un faible ruisseau qui glisse, pour ainsi dire, inaperçu sur les pentes de la montagne. Grossie par quelques petits affluens, elle tombe avec fracas du haut de la cascade de la Dore. Resserrée entre des berges élevées, elle s'ouvre avec peine un passage à travers une énorme quantité de blocs basaltiques. Arrivée au village des Bains, célèbre dans toute l'Europe, son élévation au-dessus du niveau de la mer est réduite à 1052 mètres. On peut juger par ce grand dénivellement, de la rapidité de son cours; aussi on peut dire que ses eaux se précipitent plutôt qu'elles ne coulent.

La vallée du Mont-Dore, le long de laquelle cette rivière naissante serpente ensuite plus paisiblement, est animée par une foule de sites pittoresques qui font l'admiration des artistes. L'œil du spectateur étonné peut y contempler, comme en Suisse, de longues déchi-rures, des ravins profonds, des forêts silencieuses et des ruines de tous les âges. De nombreux volcans, qui semblent à peine éteints, attirent

(1) *Statistique de* M. Gonod.
(2) *Annales des Mines pour* 1826. M. Brieude, dans sa *Topographie Médicale de la Haute-Auvergne*, parle également d'une mine d'alun qui est près de Salers, dans la vallée de Fontanges.

4

chaque année des géologues de tous les pays. Nulle contrée ne pouvait être mieux choisie, sous ce rapport, pour vider, entre MM. Cordier et Elie de Beaumont, la grande querelle des cratères de soulèvement. Le pic de Sancy, qui domine ces montagnes abruptes et borne l'horizon de ses arêtes dentelées, est le point le plus élevé de la France centrale. Il faut, pour bien apprécier ces localités intéressantes, les parcourir l'ouvrage de M. le docteur Bertrand à la main.

Après avoir baigné le pied de l'établissement thermal de la Bourboule, la Dordogne laisse sur la droite le vieux château de Murat-le-Quaire, un des principaux fiefs de l'antique maison des Latour-d'Auvergne; puis, s'éloignant du groupe le moins élevé des monts Dores, elle coupe, à St-Sauves, la route de Clermont à Aurillac. Nous mentionnerons, sous toute réserve, une remarque, c'est que la rive occidentale fournit sept fois plus d'eau que l'orientale. Ce fait, consigné dans un ouvrage de statistique de M. Gonod, n'est pas encore bien éclairci. Le pont de St-Sauves est le seul qui existe sur la Dordogne depuis le village des Bains jusqu'à Bort. Les rives de cette rivière n'offrent que bien peu de richesses minérales jusqu'à son entrée sur le territoire des communes d'Avèze et de Messeix. La forêt de M. Sablon, dans la première de ces communes, recèle une grande quantité de minérai de fer oxidé hydraté, pouvant produire de 30 à 40 pour cent. Dans la seconde, on exploite depuis long-temps de l'antimoine et une foule de gisemens de minérai de fer, entr'autres, celui qui contribuait à entretenir l'usine du Chavanon. Ce dernier, qui est de la même qualité que celui de M. Sablon, se trouve aux environs du village de Chaumadou, en amas très-considérables; mais jusqu'à présent il n'a pas produit de très-bon fer. Plus loin, par-delà la route royale de Clermont au Bourg-Lastic, on rencontre le fer spathique de Tortebesse, qui est appelé à avoir une grande influence sur l'avenir de la métallurgie du pays. Il diffère du précédent, non-seulement par sa composition, mais encore par sa couleur gris-blanc. On doit sa découverte aux recherches actives de M. Sablon, qui le signala dès 1827; jusques-là, on ignorait qu'il existât du fer spathique en Auvergne.

Selon toute apparence, ce gisement servait à alimenter une ancienne forge; le nom de Taillefer que porte un petit ruisseau du voisinage, semble ne pas laisser de doute à cet égard. Le baron de Forget, qui vient d'être enlevé à l'industrie par un accident déplorable, commençait à l'exploiter pour l'usine du Chavanon, dont il s'était rendu locataire. M. Baudin, dans une brochure pleine d'intérêt sur les richesses métallurgiques du département du Puy-de-Dôme, dit que les filons de Tortebesse ne le cèdent en rien à ceux de la Savoie et du Dauphiné (1). Le haut fourneau du Chavanon devant être allumé incessamment par les soins de M. Chenot, directeur de l'établissement, les produits viendront bientôt confirmer les prévisions de l'habile ingénieur que nous venons de citer.

L'utile découverte de Tortebesse n'est pas la seule richesse de cette partie du cours de la Dordogne. Tout près de ses bords, l'on rencontre encore le terrain houiller de Bogros, dont les produits servent principalement à cuire la chaux de Savenne. Le marbre primitif qui fournit la matière à cette petite industrie, est très-abondant sur la rive droite; mais on n'en trouve pas, au moins à notre connaissance, sur l'autre rive. Il n'en est pas de même du sol houiller qui s'étend fort loin des deux côtés de la rivière, particulièrement sur la commune de Singles. On y exploite la houille depuis un temps immémorial, au hameau de Plagne, mais seulement pour les besoins des forgerons des environs. Elle est de bonne qualité et très-abondante. Quoique des concessions régulières aient été accordées, la distance des lieux de consommation et les frais de transport empêchent d'en tirer parti. Cette commune est dotée encore de filons assez puissans de minérai de fer carbonaté lithoïde qui accompagne ordinairement le terrain houiller. Rien ne manque à cette contrée pour créer des établissemens métallurgiques, puisqu'elle possède, avec de grandes richesses minérales, une rivière qui permet de les mettre en œuvre sans recourir à des machines dispendieuses. Mais jusqu'à présent ce précieux cours d'eau n'a servi qu'à mouvoir des scieries, qui transforment en planches les beaux arbres de la forêt d'Avèze, et depuis peu la forge construite au moulin de Marmitou, par MM. de Fontenille et Prévot. Il est bien à craindre

---

(1) *Recherches Minéralogiques*, 1836, page 24.

que tous les trésors que ce sol favorisé recèle dans son sein, n'y restent enfouis long-temps encore. Tant qu'une route à laquelle viendraient se rattacher les communications vicinales, n'unira pas Tauves, le Bourg-Lastic et Pontaumur, l'industrie sera impuissante à fonder rien d'important, toute entreprise sera chanceuse et difficile. M. Beaunier, inspecteur divisionnaire des mines, l'a écrit, il y a déjà quelques années, et ses prévisions ne se sont que trop accomplies (1). Dans l'état actuel de la viabilité, il est impossible de faire arriver les objets d'approvisionnement et d'exporter les produits. Il ne suffit pas de fabriquer et de trouver des débouchés, il faut encore être placé dans des conditions qui permettent de soutenir la concurrence.

Un jour viendra, sans doute, où le département du Puy-de-Dôme, qui possède ces richesses métallurgiques, ne les laissera pas improductives (2). Son intérêt bien entendu, le lui commande, puisqu'il consomme tous les ans pour un million de fer, et au moins deux cent mille francs d'acier ou de fonte. Beaucoup de départemens dont la consommation est bien moins importante, n'ont pas craint de contracter des emprunts pour établir des routes et hâter ainsi les développemens de leur industrie. Ici la nécessité est d'autant plus grande, que la partie du Puy-de-Dôme dont nous parlons ne peut attendre de prospérité que du travail industriel, parce que la rigueur de son climat ne lui permet pas de se livrer avec avantage à ceux de l'agriculture. Il ne tient qu'à l'administration peut-être de rendre un jour ce pays aussi florissant que le comté de Cornouailles en Angleterre.

La Dordogne reçoit le Chavanon, qui est déclaré flottable sur une longueur de douze mille mètres (3). On y jette des bûches qui se ra-

---

(1) Premier Mémoire, page 12.

(2) On trouve des renseignemens sur cette partie du département du Puy-de-Dôme, dans les ouvrages ci-après :

Mémoire publié par MM. SABLON et FORGET;

Notes sur les forges du Chavanon, par M. CHEVALIER, ingénieur des mines;

Manuel du Maître de forge, par LANDRIN;

Traité de l'Analyse, par BERTHIER; et enfin dans la Carte départementale de M. Busset.

(3) *Dictionnaire Hydrographique*, par RAVINET, tome 1er, page 138.

massent à Bort, et du merrain qui flotte jusqu'à Argentat. Cette petite
rivière fait mouvoir l'usine qui porte son nom, établissement dont
l'existence a été chancelante pendant long-temps, grâce à l'énormité
des frais de transport du charbon et des minérais qui l'alimentent.
Gonflée par ce premier affluent de quelque importance, la Dordogne traverse le Port-Dieu et la commune de la Bessette qui limite le département du Puy-de-Dôme; puis, continuant son cours entre le département
du Cantal et celui de la Corrèze, elle arrose la commune du Monestier,
qui utilise depuis long-temps le grès houiller, en en faisant des meules
à aiguiser.

En face, sur l'autre rive, se trouve la commune de Beaulieu, où l'on
voit encore une des vieilles tours du château de Thinière, le plus ancien
des châteaux-forts de l'Auvergne.

Les galeries, les excavations, les scories et les filons de fer spathique
qui se trouvent sur plusieurs points des environs, annoncent qu'il y
a eu dans cet endroit et pendant plusieurs siècles, des exploitations
considérables. L'absence de documens sur l'époque où elles furent en
activité, laisse présumer qu'elles remontent aux Gaulois, car ils exploitaient des mines de divers métaux, avant même que les Romains
n'en connussent l'usage (1). La tradition donne à la partie de la rivière
la plus rapprochée de ces ruines industrielles, le nom de *Gourd* des
Forges. C'était peut-être un des arsenaux où les Arvernes fabriquaient
leurs lances, leurs cuirasses et ces terribles épées qui leur frayèrent
un passage jusqu'en Asie.

M. Locard, répétiteur de chimie à l'école des mineurs de St-Etienne,
a bien voulu faire l'analyse d'un échantillon de minérai que nous
ramassâmes au hasard en parcourant cette localité; la voici :

Gangue quartzeuse..........	15 20
Perte au feu et grillage.......	11 20
Péroxide de fer..............	66 40
Deutoxide de manganèse......	6 00
Magnésie...................	0 96
	99 76

(2) *Antiquités du Périgord*, par le comte de TAILLEFER.

Il ajoutait dans la note qu'il nous remit, que ce minérai était tout-à-fait analogue, tant pour la composition que pour l'aspect, au fer spathique décomposé, dit *mine douce*, du département de l'Isère. Cette variété est recherchée, parce qu'elle est très-propre à la fabrication de l'acier.

M. Baudin émet, dans son Mémoire, l'opinion que les filons de Thinière doivent s'étendre d'une manière plus ou moins continue jusqu'à Tortebesse. Il est sous tous les rapports d'un grand intérêt de vérifier cette conjecture. Nous avons visité avec M. Edmond Laforce, auteur de l'*Essai Statistique sur le département du Cantal*, un gisement du minérai de fer qu'il a découvert à Deveis, commune de Sarrona; nous avons reconnu du fer oxidé concrétionné, mis à nu par un défrichement de bruyère.

L'on remarque, non loin de Thinière, des buttes de différentes hauteurs qui portent le nom de *Camp romain*; comme les Gaulois exploitaient à ciel ouvert, il est présumable que ces monticules sont le résultat d'anciennes fouilles. Il en existe de semblables dans le Périgord. Là, on les désigne par le nom de *Citadelle*. M. le comte de Taillefer les a reconnus pour des restes de vieux établissemens métallurgiques. C'est ainsi que les recherches historiques peuvent nous amener à découvrir des gisemens exploités par les anciens, gisemens qui ne peuvent donner que du fer de bonne qualité.

Ces précieuses traces de l'antique société gauloise ne sont pas les seules qui frappent l'observateur dans le département du Cantal : l'on trouve sur le sommet du rocher de Vignon, commune d'Antignac, un vieux four, dont les pierres à moitié fondues sont incrustées d'ossemens. Tout porte à croire qu'il s'accomplissait dans ce lieu quelques-uns des mystères de la religion gauloise. Peut-être que, selon leur usage, les Druides y faisaient brûler les morts avec les animaux domestiques qui avaient appartenu aux défunts. Là, il suffit de gratter les ruines pour en retirer des flèches parfaitement forgées.

L'emplacement sur lequel le château de Thinière a été construit, est, par un hasard singulier, le point de contact du granit, du grès et du micaschiste.

En quittant cet endroit, la Dordogne passe près du château de Vals, qui est bâti sur un cône isolé. L'époque féodale n'a pas laissé en Auvergne de monument plus gracieux et mieux conservé.

Peu après, cette rivière baigne la ville de Bort, qu'elle sépare de son faubourg. Ce quartier, qui appartenait autrefois à l'Auvergne, communique à la ville par un beau pont, restauré depuis peu. Les voyageurs et les voitures arrivent à Bort par deux routes parallèles à la Dordogne. L'une, partant de Clermont, va à Mauriac et à St-Céré; l'autre vient du Limousin et s'embranche à la précédente. A l'extrémité de cette dernière, sur une petite esplanade, sera placé incessamment, grâce à la munificence royale, le buste de Marmontel. Cet emplacement est tout près de la maison de chaume qui protégea le berceau de l'illustre auteur de Bélisaire.

CHAPITRE IV.

DU BALISAGE DE LA DORDOGNE

DE BORT A ARGENTAT.

Bort.   La ville de Bort est située dans une petite vallée suffisamment abritée pour cultiver des arbres à fruits et même la vigne. Elle est à 438 mètres au-dessus du niveau de la mer : c'est la hauteur de la balustrade qui décore la cathédrale de Clermont-Ferrand. Placée au pied de trois grandes chaînes de montagnes, Mille-Vaches, le Mont-Dore et le Cantal, cette position la rend l'entrepôt naturel de la majeure partie des produits consommés ou vendus par les habitans de ces contrées élevées. Aussi, quoiqu'elle ait été pillée plusieurs fois par les Anglais, et ravagée pendant les guerres civiles, son commerce n'a jamais cessé d'être très-florissant. Outre un marché considérable par semaine, douze foires très-fréquentées et fort anciennes y attirent un grand concours. Quelques-unes sont des priviléges accordés par Louis XI. On s'y rend de très-loin pour l'achat de toiles qui jouissent d'une grande réputation dans le midi de la France. Cependant le trafic le plus important qui s'y fasse, est celui des bestiaux et des fromages. Le mauvais état des chemins étant un obstacle à l'extension du commerce, l'usage des foires s'y est conservé comme dans tout pays peu avancé. Les habitans de ces montagnes ont un goût si prononcé pour ces rendez-vous d'affaires, qu'un propriétaire un peu aisé a toujours un cheval dont l'unique travail est de l'y porter.

Par la route de Clermont à Toulouse, arrivent à Bort du vin, du fer, du blé et des légumes; les retours se font avec des cuirs, des peaux de chevreaux, des chiffons et des planches. Ce mouvement est d'environ quarante quintaux par jour, sans compter les transports d'une diligence dont le service est quotidien. La route du Limousin, qui fut établie en 1771 par Turgot, pendant une année de disette, est un chef-d'œuvre de hardiesse pour cette époque. En passant sur les flancs d'immenses rochers taillés à pic, le voyageur, suspendu sur des abîmes, est saisi d'admiration et de reconnaissance pour l'administrateur éclairé qui sut vaincre ces difficultés. C'est par là qu'arrivent le sel, le vin des coteaux de la Dordogne, les denrées coloniales, le fer du Périgord, et que les négocians de Bort expédient le merrain *blanc*, les planches de sapin et la houille. Le commerce et l'importance de cette ville sont encore sur le point de s'accroître considérablement, par l'ouverture des routes de Felletin, de Besse et de Murat. La première la mettra en rapport avec le département de la Creuse, et facilitera l'écoulement de ses bestiaux et de ses laines. La seconde, en lui ouvrant une nouvelle communication avec la Limagne, permettra à son commerce de tirer directement d'Issoire du vin et du blé à meilleur compte. Cette route, qui sera peut-être un jour un passage très-fréquenté pour aller à Lyon et à St-Etienne, sera d'une grande utilité à Latour, bourg situé au pied des monts Dores, qui jusqu'à ce jour est privé de toute viabilité. La troisième doit unir les deux principales routes de la Haute-Auvergne. Son importance devrait la faire élever au rang de route royale. Avec l'activité imprimée aux travaux publics par les administrateurs des départemens que traversent ces communications, il est à espérer qu'avant trois ans, si elles ne sont pas finies, l'on pourra au moins jouir d'une partie des avantages qu'elles promettent. Ces diverses routes, qui partent de Bort ou qui viennent y aboutir, méritent, ainsi que la position de cette petite ville, d'attirer l'attention du gouvernement, pour en faire le point de départ du balisage de la Dordogne. Le vœu en a été exprimé par le conseil d'arrondissement, dans sa dernière session.

Quand on visite ces lieux pour la première fois, on ne saurait parcourir la distance qui sépare Bort de St-Thomas, sans admirer la belle colonnade de phonolite aux longs prismes qui couronne la haute mon-

5

tagne au pied de laquelle coule la Dordogne. Plus avant dans le pays, à la distance d'une ou deux lieues, le même phénomène se reproduit au sommet des montagnes de Saignes et de Chastel. Le géologue reconnaît bientôt, à des signes certains, que toutes ces roches volcaniques sont des points restés debout d'une même coulée de lave, dont l'immense dislocation a été produite par les eaux qui se retirèrent dans la direction de Vendes et de Madic.

A la sortie de Bort, la Dordogne fait mouvoir un moulin à farine; si les travaux de balisage devaient être exécutés jusqu'à la ville, il serait nécessaire de pratiquer un pertuis au barrage. Le gouvernement s'en est reservé le droit, lorsqu'il accorda, en 1827, le droit d'établir cette usine.

Le cours de la rivière est très-resserré au tournant qu'elle décrit tout près de l'embouchure de la Rue.

La Rue faisait autrefois la séparation de la haute et basse Auvergne. Son volume d'eau est au moins égal à celui de la Dordogne, mais son lit est bien autrement hérissé d'obstacles. Les tentatives qui avaient été faites en vue d'abaisser la cascade de la Saule, n'avaient pour but, sans doute, que de faciliter le flottage des mâts provenant des forêts des Gardes et de Maubert. C'était un travail dispendieux et inutile, car les bois n'y pourront jamais flotter avec avantage, que par rouleaux ou à bûches perdues.

C'est de la réunion des eaux de la Rue avec celles de la Dordogne, que nous avons proposé, dans notre premier Mémoire, de faire partir le balisage. Ce point est à une petite distance de Bort; il touche à la route de Murat et à celle de Clermont à Toulouse. L'entrepôt et l'arrivage des marchandises y seraient faciles, et les bateaux y seraient dans la meilleure situation pour profiter des crues de l'une ou de l'autre rivière. Nous ne pensons pas qu'avant leur jonction, aucune des deux ait assez d'eau pour les besoins de la navigation.

Afin de mettre le plus d'ordre possible dans l'examen que nous allons faire du cours de la Dordogne jusqu'à Argentat, nous établirons des divisions déterminées par le territoire des communes qu'elle traverse ou limite successivement. Pour distinguer celles qui sont sur la rive gauche, sans recourir au plan, nous les marquerons d'un astérisque.

La Dordogne quitte la commune de Bort un peu au-dessous de son Madic. confluent avec la Rue, pour entrer dans celle de Madic, département du Cantal. Dans tout l'espace qu'elle y parcourt, son lit ne présente aucun obstacle; c'est à peine si l'on y aperçoit trois ou quatre gros cailloux roulés, qui céderaient à quelques coups de mine : des bateaux même pesamment chargés, y navigueraient sans peine.

La commune de Madic possède un beau lac, et le château qui lui a donné son nom, lequel a appartenu à la maison de Chabannes depuis 1270 jusqu'en 1789. Ce n'est plus qu'un amas de décombres qui ont été transformés, avec goût, en jardin anglais, par le propriétaire actuel. A la vue de ces vieilles forteresses en ruines, dont les hauteurs du Cantal sont hérissées, on ne peut s'empêcher de donner un regret à la destruction de tant de monumens historiques; mais il faut bénir la main providentielle qui les a renversés, si l'on pense aux misères des peuples que les seigneurs contraignirent à les construire. Certes, ils ne pouvaient pas donner une direction plus fausse aux intérêts matériels du pays (1).

La commune de Saint-Julien succède à celle de Bort, sur la rive St-Julien. droite de la Dordogne. Elle s'étend depuis la roche de Malpas jusqu'à la Diège. Le terrain houiller qui se montre sur cette commune, part de la route d'Ussel, près la carrière de Col, passe sous ce plateau igné, et vient sortir au hameau de Ribeirole, près la Dordogne. Ce n'est qu'une zone étroite qui se prolonge jusque sur la commune de Madic. Il paraît que ce petit bassin a été exploité à différentes époques; des éboulemens nombreux ont toujours ruiné les travaux. Si les couches de houille étaient un peu puissantes, elles pourraient être exploitées par des galeries horizontales. Il est à espérer que le perfectionnement de la Dordogne encouragera à faire de nouveaux essais. C'est le dernier indice de houille qui se montre sur les bords de cette rivière. Non loin de

(1) Parmi des pièces très-intéressantes que possède M. Laforce, l'on cite une requête des manans de Beaulieu au seigneur de Madic, qui réclamaient comme grâce spéciale de ne faire qu'une corvée par semaine, pour le transport des matériaux destinés à la construction de ce château.

là, on trouve une galerie qui servait, en 1814, à l'exploitation d'une mine de plomb. Plus haut, au lieu de Seissac, chez M. de Buat, on voit des traces d'anciennes fouilles pour rechercher le même métal, qui remontent à des temps beaucoup plus anciens. La tradition rapporte que les ouvriers furent obligés de se retirer, parce qu'ils s'étaient pris de querelle avec les habitans de la localité. Aujourd'hui les enfans pauvres fouillent dans ces anciens travaux pour en retirer un peu de plomb qu'ils vendent aux potiers des environs.

Champagnac. Après la commune de Madic, l'on entre sur celle de Champagnac, qui a cela de remarquable, qu'elle représente un petit cap entouré par la Dordogne. Toutes les difficultés qui peuvent faire douter du succès du balisage jusqu'à Bort, se rencontrent dans cette commune. Elle tient en quelque sorte la clé de la navigation. La rivière coule d'abord large et tranquille, mais en avançant, elle se resserre, et enfin elle se ferme pour ainsi dire tout-à-coup. Des masses rocheuses, qui forment les berges, s'élèvent à pic à une hauteur prodigieuse; l'on entre dans la partie qui est connue sous le nom expressif de *Gorges*. Là le paysage est affreux; à peine quelques arbres rabougris peuvent croître au milieu de ces pierres qui s'écroulent de toutes parts : on ne saurait trouver un lieu plus triste, plus sauvage et plus désert. Une petite croix, placée près du hameau de Moullerque, avertit les navigateurs des dangers qu'ils vont courir dans ce défilé périlleux. Quand on mesure de l'œil la hauteur du point où ce signe religieux est planté, au-dessus du niveau de la rivière, l'on ne peut se lasser d'admirer l'immense travail de la nature qui en creusant si profondément ce large sillon dans le granit, semble inviter l'homme à s'en servir.

A partir des *Gorges*, la rivière est une suite non interrompue de bons et de mauvais passages. Les bateliers citent : la roche de Conche, les graviers de Seyssac, le ruisseau de Crouzat, les Cinq Pierres et le Saut du Prêtre, comme les plus difficiles. Ce dernier est le plus dangereux; on ne le passe ordinairement qu'à l'aide de cordes; cependant avec de bonnes eaux, il est des mariniers qui le franchissent sans recourir à ces précautions. Néanmoins il n'est guère prudent de se fier à la rapidité du courant dans cet endroit, qui a environ trois cents mètres de longueur.

Il est nécessaire de constater que le nom de Saut, donné à certains accidens de la rivière, n'est pas synonyme de cataracte; il sert à désigner en général les points où des barrages ont été formés par les pierres qui ont roulé dans le milieu de la rivière. Retenues un instant, les eaux s'échappent ensuite avec plus de force et heurtent violemment les turcies latérales. C'est à ces causes accidentelles qu'il faut ramener les différens obstacles que nous venons de signaler. Une fois qu'ils sont surmontés, les eaux se calment et *nappent* pendant plusieurs kilomètres comme le fleuve le plus tranquille. L'on se croirait sur un grand canal, si de temps en temps les mêmes accidens ne venaient éveiller la vigilance du navigateur.

La Diège grossit la Dordogne et lui porte le tribut de son petit commerce. Il consiste en merrain, que l'on fait flotter à partir du pont Rouge. Comme l'eau est peu profonde, les mariniers l'élèvent à l'aide de légers barrages en cailloux. Ravinet prétend que la Diège est flottable pendant vingt-cinq mille mètres.

Cette petite rivière sépare la commune de Saint-Julien de celle de Roche, qui commence le canton de Neuvie. Les marchands de merrain la connaissent à cause de la chapelle de Saint-Benet, qui se trouve sur les bords de la rivière, au milieu d'immenses rochers qui s'élèvent comme des obélisques. La petite commune de Sainte-Marie est remarquable par le château d'Anglars, perché comme un nid d'aigle sur les berges de la Dordogne. Il donne son nom à un mauvais passage appelé Saut d'Anglars. Les observations que j'ai faites pour le Saut du Prêtre s'appliquent à celui-ci. La rivière n'offre aucun dénivellement dans son cours, mais la voie navigable est plus rapide et parsemée de rochers. Toutefois, il serait beaucoup plus facile à perfectionner. Six ouvriers, pendant un mois, suffiraient, sinon pour le déblayer parfaitement, au moins pour le rendre viable et sans danger. On aperçoit sur les rochers qui forment le saut du Prêtre et celui d'Anglars, beaucoup de trous de mines, qui attestent que l'on s'est occupé sérieusement d'améliorer ce passage. Ces travaux remontent sans doute à 1730. Serions-nous moins entreprenans aujourd'hui ou moins habiles?

Une compagnie de Bordeaux fit flotter, en 1789, de grands sapins pour mâts; plusieurs s'embarrassèrent dans ces deux passages; ce ne

Roche.

Ste-Marie.

fut qu'avec peine qu'on parvint à les dégager. Il faut un mouillage si considérable pour des pièces de cette longueur, que cet accident n'est pas surprenant. La rivière est tellement resserrée dans cet endroit, que les spectateurs placés au-dessus de ce grand couloir peuvent faire la conversation d'une rive à l'autre.

Léginiac. La Dordogne qui, depuis l'embouchure de la Rue, a coulé jusqu'ici de l'est à l'ouest, se dirige désormais, sans varier, du nord au midi. Ce changement dans sa direction termine le grand tournant des gorges si long et si penible à parcourir. C'est sur le territoire de la commune de Léginiac, après la rivière de la Tartane, que se trouve le saut de Juillard. Il n'est dangereux que pendant les eaux basses, à cause des galets énormes qui encombrent la rivière. En enlevant les plus gros sur une largeur de trente-six à quarante pieds, on formerait un chenal suffisant; aussi pensons-nous qu'il est encore plus facile à corriger que les précédens. On rencontre près de là le port de Roger et l'Hermitage; c'est une petite cabane bâtie tout récemment par un anachorète, qui se plaît dans cette affreuse solitude, puis l'on touche la roche Eybouliade, qui est suivie d'une infinité de pierres éparses qui durent jusqu'au port d'Enval.

Sérandon. Toutes les communes dont nous venons de parler, et une grande partie de celle de Sérandon, dans laquelle nous entrons, sont en face de celle de Champagnac. Son territoire, comme on voit, est d'une grande étendue. A l'entrée de la commune de Sérandon, on est arrêté par un mauvais passage appelé les Trois-Pierres. Cet obstacle est peu de chose, et nous n'en parlons que parce qu'il est mentionné dans le vocabulaire topographique des mariniers. Le petit port de Verneige est tout proche; on y aborde avec plaisir, parce qu'à partir de cet endroit les bords de la Dordogne sont moins sauvages; il s'y trouve une barque qui transporte les voyageurs qui vont de Bort à Neuvic par un chemin de traverse qu'on se propose de classer au nombre des routes de grande communication; ce projet mérite l'approbation des deux départemens, parce qu'il est vraiment utile sous beaucoup de rapports. A partir de Verneige, la rivière n'offrant presque plus d'obstacles sérieux, cette route pourrait servir à transporter les marchandises destinées à la Basse-Dordogne. Les habitans de Serandon sont riches en bois et grands constructeurs de bateaux; ils les descendent vides jusqu'à l'Anau où l'on commence à les charger. Il y a un petit sentier qui, de la station de la barque permet de suivre la rive droite de la Dordogne sans difficulté; il serait utile d'en établir un semblable de Madic à Verneige. Dans l'état actuel, il est impossible de suivre les bords de la rivière sans franchir des hauteurs presque inaccessibles; il servirait aux navigateurs en cas d'accident, et les aiderait même à les éviter. Les frais pour l'établir ne seraient pas considérables, si la commune de Champagnac voulait s'en charger, elle serait aidée, nous n'en doutons pas, par l'administration et par le commerce. Le bourg de Champagnac est en face de Verneige et à une heure de distance. En montant la côte qui y conduit, on aperçoit un ravin profond par où l'on faisait descendre de grands arbres dans la rivière. L'on évitait ainsi le passage des Gorges. Les bois étrangers n'arrivaient pas alors à Bordeaux. Aujourd'hui, dans l'état d'imperfection de la navigation, ces bois nationaux ne s'y vendraient pas ce qu'ils coûteraient pour les faire descendre. Cette exploitation doit remonter à 1750, c'est-à-dire qu'elle est plus ancienne que celle dont nous avons parlé. Un peu plus bas que le port de Verneige, les eaux sont légèrement agitées au passage du Verdier, après lequel on trouve celui de Vermillard. Le premier n'offre rien de difficile; mais le second est long et assez dangereux. Il est formé par de grosses pierres et même par des rochers adhérens qui surhaussent la rivière en plusieurs endroits. Comme ces pierres et ces rochers sont isolés de tous côtés, ils partiraient facilement avec la mine; leurs fragmens tomberaient dans des bas-fonds, d'où il serait inutile de les retirer, ce qui abrégerait considérablement le travail. Là, comme plus haut, on remarque encore des trous de mines. Le saut de Vermillard s'étend presque jusqu'au port de Chanuscle, qui est lui-même à l'extrêmité de la commune de Champagnac. Ce petit port est connu, parce qu'il termine la série des mauvais passages qui se trouvent sur la commune de Champagnac, et ensuite parce que l'on y embarque du merrain qui se transporte par charrettes jusqu'au bord de la rivière, malgré le mauvais état du chemin. Tous les mariniers que nous avons consultés sont unanimes pour affirmer qu'à partir de Chanuscle, la rivière est susceptible de recevoir à peu de frais toutes les améliorations compatibles avec une bonne navigation descendante. Dans l'état actuel, on peut sans crainte, si les eaux sont bonnes, mettre une demi-charge aux bateaux. Comme les améliorations sur la Dordogne se feront toujours en montant d'Argentat à Bort, ce petit port pourrait servir en attendant que le perfectionnement s'étendît plus haut; il conviendrait surtout à l'embarquement de la houille extraite sur la commune de Champagnac. Cette nouvelle branche d'industrie n'attend que ce débouché pour prendre une grande extension. Lorsqu'on a vu le parti que les Anglais tirent de ce produit minéral, on regrette que l'état de nos rivières prive la France des mêmes avantages. La commune de Champagnac, qui devrait, à raison de son riche bassin houiller, occuper un grand nombre de bras étrangers, envoie au contraire ses propres habitans chercher des ressources dans l'émigration.

On trouve à Champagnac de la terre pour la poterie et même de la terre réfractaire (1).

* Veyrière.   La commune de Veyrière joint celle de Champagnac. Précisément à l'entrée de son territoire, se trouvent trois mauvais passages, qui n'en font pour ainsi dire qu'un seul, c'est l'Ierlote, le Couvent des Monges (moines) et la Roche de la Chapelle. On ne s'aperçoit du premier que pendant les eaux basses; c'est un peu au-dessous, près le hameau de Charlanne, que sont situés les deux autres; ils proviennent en partie des ruines d'un pont qui servait à un couvent détruit depuis long-temps. Cette route devait être très-fréquentée, car des lettres de sauve-garde accordées à l'abbesse de Bonnesaigne, en 1410, par le lieutenant-bailli des montagnes d'Auvergne, portent que le pont des Côtes ou de l'Anau a été détruit, au grand détriment de la chose publique. Dans de semblables lettres accordées en 1430, par le bailli de Montferrand, il est dit : « Que plusieurs et diverses personnes du pays et de diverses provinces avaient là accoutumé

---

(1) *Dictionnaire statistique de* M. DÉRIBIER DU CHATELET.

avoir leur passage tout droit. » Sans doute qu'à cette époque ce pont servait de communication entre le Limousin et la Haute-Auvergne; il s'y percevait un petit droit de péage au profit du couvent; en voici le tarif :

Pour un homme à pied, un denier.
Pour une bête non chargée, un denier.
Pour une bête chargée, deux deniers.
Pour une chèvre ou un mouton, un obole (1).

On a trouvé près de ces ruines des médailles qui attestent que ce pont devait être l'ouvrage des Romains; des fouilles ont fait aussi découvrir non loin de là des urnes cinéraires et des bains en marbre.

La commune de Veyrière ne compte qu'un autre mauvais passage qui est tout-à-fait à son extrêmité, et connu sous le nom d'Ajustens de Vendes. Il est formé par la rivière de la Sumène qui sépare la commune de Veyrière de celle d'Arches. Les voitures, traînées par des bœufs, peuvent descendre jusqu'à la Dordogne par une côte dite de Veyrière, qui pourrait être améliorée à peu de frais. Le terrain houiller occupe environ le tiers de la surface de cette commune, mais il s'éloigne de la rivière. Les bois qui couvrent les côtes de Chanuscle s'étendent sur celles de Veyrière. On y remarque encore de beaux chênes qui servent de clôture aux héritages. Les sangliers qui habitent continuellement ces forêts sont protégés contre les chasseurs par des précipices affreux; malgré ces difficultés, on leur donne fréquemment la chasse. En remontant la petite rivière de Sumène, qui sert au flottage du merrain, on rencontre les ruines imposantes de Charlus posées sur un dike volcanique qui a percé une couche épaisse de grès houiller. Lorsque se fit, au mois d'octobre 1776, l'inventaire de cette forteresse, elle était encore hérissée de plusieurs coulevrines. Par suite de cet inventaire, les experts furent obligés de rechercher l'origine du flottage; c'était sans doute pour l'estimation de la forêt de la Fores-

(1) Nous devons la communication de ces titres et de ceux dont nous parlerons tout à l'heure, à l'obligeance de M. de Lalot, procureur du roi et membre du conseil général.

tie. Ils découvrirent qu'elle remontait à trente années de date, c'est-à-dire en 1646. Cette remarque n'est pas sans intérêt pour l'histoire industrielle du pays. Plus haut, à Vébret, la même rivière faisait tourner une papeterie. D'après un vieux titre du 5 juin 1441, les habitans de la Courtille devaient chaque année un saumon au seigneur, à raison de cette usine; il n'en reste aujourd'hui ni trace, ni souvenir.

Le balisage de la Dordogne, de Bort à Argentat, peut être divisé en deux parties; l'une comprise entre l'embouchure de la Rue et celle de la Sumène qui présente des difficultés un peu sérieuses à lever; la seconde, comprise entre ce dernier point et Argentat, qui n'en offre que de légères.

Comme il ne s'agit que d'un simple balisage, nous n'avons pas cru qu'il fût nécessaire de faire un nivellement auquel peut suppléer le calcul suivant :

La hauteur de la Dordogne à Bort étant fixée à 438 mètres, celle de l'embouchure du ruisseau de Veyrière l'ayant été par M. Déribier aîné, auteur de la *Statistique du département de la Haute-Loire*, à 312 mètres, on peut sans crainte de faire une erreur grave, porter celle de l'embouchure de la Rue à 430 mètres, et celle de l'embouchure de la Sumène à 305; différence entre ces deux points, 127 mètres. Cette différence, divisée par 25000 mètres, qui est la distance entre l'embouchure des deux rivières, donne 0, 005 millimètres par mètre, ou cinq mètres par kilomètre de pente. Cette pente est peut-être moins forte, parce que les détours formés par la Dordogne sont plus considérables que ne les donne la carte.

C'est à peu près la pente de la Loire au-dessus du port de la Norie. Les concessionnaires des mines de Firminy avaient offert d'améliorer cette partie de la Loire, moyennant un droit de 10 francs sur les bateaux chargés, et de 4 francs sur les bateaux vides. Le gouvernement fit, sur cette proposition, étudier les lieux, et, par suite, ils reçurent un commencement d'amélioration en 1817. Les bateaux dont on faisait usage avaient environ 85 pieds de long sur 13 de large; ils étaient en sapin et ne prenaient que 45 centimètres d'eau; cependant on leur mettait jusqu'à 180 hectolitres de charbon, environ 15 tonnes. La compagnie avait offert de donner à la rivière une profondeur de 60 centimètres. Il est à remarquer que les bateaux pliaient sous la charge, aux passages des chutes.

La Dordogne, de Bort à l'embouchure de la Sumène, est dans une condition différente. Son lit est presque toujours resserré entre des rochers; en certains endroits, il laisse à peine la place nécessaire au passage des bateaux. Aussi, le tirant d'eau n'est pas la question importante; il est tout au plus nécessaire de l'augmenter sur quelques bancs de graviers fort rares et sur deux ou trois endroits où les eaux se divisent. Si l'eau manquait, on pourrait, sans beaucoup de frais, jeter la Sumène dans la Rue, à la hauteur de Vebret, ou bien établir des lâchures au moyen du lac de Madic, que l'on transformerait en étang. Il formerait des crues artificielles de 50 centimètres sur 3000 mètres de longueur. C'est le moyen dont on va se servir sur la Loire, au-dessus de Saint-Just. Les ingénieurs se proposent d'établir le réservoir dans le lit même de la rivière, ce qui a de graves inconvéniens. Pour la Dordogne, ces moyens sont inutiles, parce que l'eau ne manque pas; les difficultés résident toutes dans le relief des rochers et des pierres qui encombrent la voie navigable, et elles sont loin d'être insurmontables. Une fois enlevées, elles ne se reproduiront plus. Tous les travaux d'entretien se borneront alors au nettoyage annuel des pierres et des petits obstacles qui peuvent naître à la suite des pluies, ce qui ne sera ni coûteux ni difficile.

Quant à la dépense, il est difficile de l'évaluer, parce qu'on n'a pas de données fixes sur le plus ou le moins de perfectionnement des travaux. Nous continuons à penser qu'avec une somme de cent mille francs, l'on améliorerait considérablement cette navigation. Pour extraire tous les rochers depuis l'embouchure de la Sumène jusqu'à Argentat, les dépenses n'ont été estimées, par les ingénieurs des ponts-et-chaussées qu'à 28,000 fr. Quelle que soit la dépense, elle sera toujours de beaucoup inférieure aux avantages qu'elle procurera aux départemens riverains.

L'aspect des rives de la Dordogne devient un peu moins sauvage en arrivant sur la commune d'Arches; on rencontre de loin en loin quelques prairies et de grands noyers, qui s'élèvent majestueusement sur leurs piles blanchâtres. Le petit port de l'Anau est habité exclusivement par

Arches.

des mariniers; il est à trois quarts d'heure d'Arches. La principale occupation des patrons consiste à transporter le merrain, le bois de construction et différens autres produits à Argentat. L'un de ces hommes nous a assuré être descendu de l'Anau à Argentat avec deux milliers et demi de merrain; c'est la charge ordinaire des bateaux dans ce dernier port. Néanmoins nous devons dire que ce chargement n'est pas ordinaire, et qu'il se réduit généralement à la moitié. C'est en face de la commune d'Arches et bien au-dessous de l'Anau, que finit la commune de Sérandon. Nous ne nous en éloignerons pas sans faire remarquer que non-seulement elle est, comme nous l'avons dit, très-riche en bois de chênes et de hêtres, mais que son sol est si favorable à la végétation, que cinquante ans suffisent pour rendre un arbre propre à être exploité. L'on ne compte entre Sérandon et Arches qu'un seul mauvais passage, appelé les *Pêcheries d'Arches*. Il est formé par les restes d'une écluse qui avait été construite pour prendre le poisson, et qui fut démolie ensuite, parce qu'elle gênait la navigation. Nous recommandons instamment le chemin vicinal qui conduit de la grande route à Arches et puis à l'Anau : il peut devenir très-utile. Le sentier dont nous avons parlé, qui part de Verneige et suit la rive droite de la Dordogne, change de direction à l'Anau; de la rive droite il passe sur la gauche jusqu'à Saint-Projet, où il reprend encore la rive droite.

Jalleyrac. Nous parlerons de Jalleyrac, bien qu'il nous ait été dit que depuis le cadastre cette commune ne s'étendait plus jusqu'aux bords de la Dordogne. Les mauvais passages qui se trouvent entre elle et la commune de Neuvic qui est en face, sont : les graviers de Moyen, ceux de Saint-Projet, et les restes d'une vieille écluse qui servait à prendre le poisson nécessaire à la consommation du vieux couvent de Saint-Projet, qui date de 1143. Jalleyrac possède une source d'eau minérale très-connue (1). Nous devons mentionner particulièrement le calcaire primitif de Vessac, qui sert à faire de la chaux. Il se trouve disséminé par ro-

---

(1) *Annuaire du Cantal*, année 1830, page 115. — *Dictionnaire statistique* de M. DESRIBIER DU CHATELET.

gnons autour de ce hameau et de celui de la Forestie, commune de Chalvignac. Nous aurons occasion d'en parler de nouveau, lorsque nous nous occuperons de cette commune.

Neuvic.

Nous ne reviendrons pas sur ce que nous avons dit des mauvais passages qui se trouvent sur la commune de Neuvic. C'est le siége du canton; on y doit à M. Dupuy, juge de paix, l'introduction de la culture du pin. Si l'exemple et la voix de cet agriculteur éclairé sont compris, les bruyères natives qui couvrent le tiers au moins de l'arrondissement d'Ussel se changeront bientôt en bois utiles. C'est aux administrateurs à propager cet arbre vraiment précieux pour cette contrée. La petite ville de Neuvic est à la veille d'avoir une bonne route pour aller à Mauriac. Si, comme c'est l'intention des ingénieurs, il se construit un pont suspendu à Saint-Projet, ce port deviendra très-utile et très-fréquenté. On avait tenté d'y embarquer de la houille provenant des mines de Lapleau; cet essai n'eut pas de suite à cause des frais de transport. Certes, il faut bien que les chemins pour arriver à la Dordogne présentent des difficultés, puisqu'on conduit par charettes le bois de chêne de Neuvic à Bordeaux. Ce fait suffit pour expliquer comment le bois est à vil prix dans ces localités et pourquoi il est cher dans les chantiers maritimes. Lorsqu'il pourra être embarqué commodément, le pays qui consomme s'entendra avec celui qui produit, pour partager ces frais énormes de voitures, qui absorbent aujourd'hui toute la valeur; car le pied cube qui se vend 5 fr. et 5 fr. 5o cent. à Bordeaux, ne coûte que 3o à 4o centimes sur le lieu d'exploitation.

Le port de Saint-Projet contient de vastes chantiers pour la construction des bateaux; l'on y fait même de grandes gabarres en chêne, destinées exclusivement à la navigation de la basse Dordogne. Malgré l'imperfection de la rivière, les mariniers chargent ces puissans véhicules de six milliers de merrain, qui équivalent à cinq cents quintaux. Les bateaux ordinaires ne reçoivent, à Saint-Projet, que la moitié de la charge qu'on leur met au port d'Argentat.

Chalvignac.

La commune de Chalvignac occupe le cours de la Dordogne pendant près de deux lieues; elle est vis-à-vis celle de la Tronche, qui est aussi fort étendue. Les passages difficiles qui gênent la navigation sur ces deux communes, portent les noms de Tournans de la Remédière,

Amboulet et le Sac. Le premier est peu de chose; le second se compose de quelques rochers qui sont placés dans le lit même de la rivière, et qu'on enlèverait avec mille francs. Le troisième coûterait un peu moins à rectifier. Le marbre primitif de la commune de Jalleyrac, dont nous avons parlé, se retrouve en grande abondance sur celle de Chalvignac. Il existe quatre ou cinq fours à chaux au lieu de la Forestie. La chaux est fort chère à cause de l'état misérable des chemins et du prix excessif des bois. L'économie que les fabricans font sur le combustible, nuit à la qualité de cette chaux qui souvent est mal cuite. Aussi les habitans de Bort préfèrent celle de Savenne qui est cuite à la houille. M. Elie de Beaumont, qui a visité les lieux, trouve que le marbre est absolument le même dans les deux endroits. Si la qualité de la chaux est en raison de la dureté de la pierre, celle de Chalvignac devrait être excellente; il est impossible de trouver de rocher plus dur, plus compacte et plus difficile à extraire.

La nouvelle route de Mauriac à Neuvic doit suivre le cours du ruisseau de Laviou, qui divise les hameaux de Vessac et la Forestie. Si la Dordogne se perfectionne jusqu'à Chanuscle, il sera facile d'amener de la houille à Saint-Projet, et ensuite de la distribuer aux différens propriétaires des fours à chaux. L'on aurait alors de la chaux à meilleur compte et d'une qualité supérieure, parce qu'elle serait mieux cuite. La route servirait à la transporter à Neuvic et à Mauriac, et la rivière à Argentat où elle se vendrait en concurrence avec la chaux de Beaulieu. La consommation en deviendrait immense, si l'usage de l'employer comme engrais pouvait se répandre parmi les agriculteurs. Toutefois, cette amélioration agricole ne pourra guère s'introduire qu'après le perfectionnement des chemins; ce n'est qu'alors que la chaux pourra être livrée à assez bon marché pour cet emploi. Il y a du calcaire d'eau douce à Riom-les-Montagnes, mais il n'est pas exploité; ce canton tire en partie sa chaux de Bort et de Murat. Il paraît que le marbre de Chalvignac n'a pas toujours été aussi méprisé, et que les anciens en ornaient leurs temples; on en voit encore des plaques dans beaucoup d'églises et même sur plusieurs tombeaux. Le temps ne l'a point altéré. c'est sans doute à cause de cette précieuse qualité que les ingénieurs comptent l'employer pour les culées du pont de St-Projet.

Le voyageur et l'artiste sont agréablement surpris en découvrant au milieu des bruyères qui couvrent une partie du territoire de cette commune, l'antique château de Miremont, assis sur un plateau basaltique. Ses murailles s'écroulent de toutes parts; quelques arceaux résistent cependant aux ravages du temps, malgré leurs profondes crevasses. Les fossés seuls se sont conservés larges et profonds, comme s'ils avaient encore à protéger des assiégés contre l'escalade. Les Anglais, commandés par Mandouce-Badafol, s'en emparèrent en 1357, sur Emery de Saint-Amant. Ce château soutint un autre siége en 1574; les assiégeans, au nombre de six mille, le frappèrent de neuf cents coups de canon (1). Ces combats sont oubliés, mais l'on se rappelle encore les exploits de Madelaine de Saint-Nectaire. Cette héroïne, après avoir vaincu les ennemis du roi Henri IV, les armes à la main, se laissa vaincre à son tour par les grâces du chef de l'armée ennemie. C'est au moins ce que raconte Mme de Genlis dans son roman de Mlle de Lafayette. Près de Miremont, on remarque des vestiges de constructions romaines et de nombreux tumulus, qui indiquent que bien avant l'époque que nous avons rappelée, d'autres soldats avaient trouvé la mort sur ces montagnes escarpées.

Nous venons d'examiner les mauvais passages qui se trouvent dans les limites de cette commune. Les habitans se livrent au commerce du merrain et à la fabrication des bateaux. Cette dernière industrie s'exerce sur les bords même de la rivière; elle emploie du bois de hêtre refendu en longues planches par des scieurs de long.   *La Tronche.*

Nous nous hâtons de citer l'écluse du moulin à farine de Spontoux, qui appartient à M. Champfeuil, marchand de merrain, comme un passage dangereux. On ne l'améliorera qu'en indemnisant le propriétaire et en détruisant le barrage. C'est le seul moulin qu'on rencontre de Bort à Argentat. Le petit hameau de Spontoux gagnerait considérablement au balisage de la Dordogne, parce qu'il se trouve à moitié   *Soursac.*

---

(1) *Description historique et scientifique de la Haute-Auvergne,* par J.-B. BOUILLET, page 350, tome Ier.

chemin entre Chanuscle et Argentat. Il doit aussi tirer un grand avantage de la route de Tulle à Mauriac, qui lui ouvrira une issue ainsi qu'à d'autres villages. Cette route est exécutée en partie sur le département de la Corrèze, mais le Cantal ne s'en est pas encore occupé.

La vigne commence à couvrir les rochers noirs qui terminent l'horizon fort limité de Spontoux; on pourrait en planter jusqu'à Argentat, dans les parties de ces côtes arides qui sont bien exposées.

Au-dessous de Spontoux, on nous a montré deux mauvais passages : le rocher du Mail et celui du Freyssinet, qui seraient amendés sans beaucoup de difficultés.

* Tourniac. Nous voici arrivés à l'extrêmité du département du Cantal. La commune de Tourniac, qui le termine sur la Dordogne, est séparée de Chalvignac par la rivière d'Auze. Il est impossible de trouver une rivière qui coule dans un pays plus tourmenté et dont le lit soit plus profondément encaissé. L'on remarque sur les pentes de ce cours d'eau, d'anciennes galeries destinées à extraire du minérai de plomb (1). Près du pont d'Auze, sur la route de Mauriac à Pleaux, le grès houiller reparaît, mais ce petit bassin n'est pas susceptible d'exploitation. Si nous reprenons les bords de la Dordogne, nous ne tardons pas à arriver au hameau de Laférière, qui tire son nom d'une vieille forge, construite sur la commune d'Auriac. Aujourd'hui, les habitans de Tourniac qui avoisinent la rivière, sont tous mariniers; ceux qui habitent la partie supérieure, émigrent tous les ans : beaucoup d'entr'eux vont en Espagne, où malheureusement ils ne trouvent pas autant d'avantages qu'autrefois.

* Auriac. Les deux rives de la Dordogne, dès l'entrée de la commune d'Auriac, sont du département de la Corrèze. La forge dont nous venons de parler était sur le ruisseau qui sépare la commune de Tourniac de celle d'Auriac. Ce fut probablement une entreprise des Anglais, continuée ensuite par la maison de Lostanges, qui avait la seigneurie de Rilhac.

---

(1) Il y avait dans le 13e et le 14e siècles, des exploitations de minérai de plomb argentifère dans les environs d'Aurillac : on pense que le minérai était expédié dans une autre province.

On ne sait rien de précis sur les causes qui firent abandonner cet établissement; on croit cependant que l'autorité le fit fermer à cause des méfaits des ouvriers. Outre le fourneau qui existe encore, on voit de grosses pièces de fonte à moitié enterrées. La cessation des travaux doit remonter à près d'un siècle, s'il faut en juger par la grosseur des arbres qui ont poussé au milieu du chemin par lequel arrivait le minérai. D'après nos recherches, nous pensons que ce minérai venait de plusieurs endroits. Il reste des traces de fouilles sur le ruisseau de Courpon, à trois quarts d'heure de l'usine. Elle devait aussi en tirer d'Aibret, où on le trouve par masses très-puissantes. Malheureusement sa qualité ne répond pas à son abondance : il ne donne guère que 20 à 22 o|o. Celui de Rilhac serait plus riche, mais jusqu'à présent on n'en a trouvé que des échantillons répandus sur la surface du sol. Il y a encore à Saint-Cristophe du minérai de fer oxidé hydraté, qui a été découvert par M. de Lalot. Nous ne pensons pas qu'il en ait été conduit à Laférière. D'ailleurs, son éloignement et le mauvais état des chemins n'auraient pas permis d'en tirer un parti avantageux. Legrand d'Haussy raconte dans ses lettres, que lorsqu'il passa à Mauriac, en 1788, on parlait d'ouvrir une mine de fer à Pleaux (1). Nous ignorons s'il s'agissait d'utiliser les minérais de St-Cristophe, ou bien (ce qui paraît plus probable) de reprendre la forge de Laférière. Quoique le fait avancé par le célèbre voyageur ne remonte pas à une époque très-éloignée, personne n'a connaissance, à Mauriac, de cette prétendue exploitation.

Plus bas, toujours sur les bords de la Dordogne, on rencontre, dans un délabrement complet, le couvent de Valette, qui appartenait à l'ordre de Citeaux dès 1143. Vendu lors de la révolution, il fut acheté par M. Peynière, membre de la Convention.

Le nouvel acquéreur transforma cette pieuse demeure en verrerie, vers 1810. Il trouvait dans les environs, à Viviniers, du sable vraiment remarquable pour la fabrication du verre blanc. Quoique la terre réfractaire fût aussi tout près, M. Peynière la tirait de Ségur, au delà de Tulle. Il vendait ses produits dans les villes environnantes et même

(1) Tome second, page 223.

7

la Dordogne en portait à Bordeaux. Malgré la facilité des débouchés, soit manque de connaissances spéciales, soit difficultés des chemins, cet établissement ne fut jamais prospère. Enfin il tomba tout-à-fait en 1814, lorsque le propriétaire fut obligé de s'expatrier. Tout près, mais plus bas, au Chambon, l'on trouve les indices d'une mine de plomb.

*Bassignac-le-Haut. Cette commune mérite une mention particulière, à cause du passage de la Dépouille; toutefois, comme la montagne qui fait naître cet obstacle se trouve sur la rive droite, nous attendrons d'être sur la commune de Marcillac pour en parler.

Laval. La commune de Laval est séparée de celle de Soursac par la Lusège, rivière profonde et torrentielle. Il serait intéressant d'étudier son cours, parce qu'on y trouverait peut-être des produits utiles à l'industrie. Ravinet la porte flottable sur une longueur de 50,000 mètres.

On cite comme un passage dangereux sur cette commune, l'écluse des Rofiès. Un peu plus bas, sur la commune de St-Mart, se trouve le
St-Mart. rocher Courbon et encore l'écluse du Chambon, en face du hameau du même nom. Tous ces obstacles peuvent disparaître aisément.

Il n'en est pas tout-à-fait de même de ceux qui se trouvent sur la commune de Marcillac. C'est d'abord le *Rocher-Long*, mais surtout *la*
Marcillac. *Dépouille*. Les difficultés sur ce dernier point proviennent d'une montagne schisteuse, dont les parties divisées par des couches d'argile se détachent et obstruent sans cesse le lit de la rivière. On a travaillé à cet endroit à différentes époques, même sous la restauration, mais toujours avec des fonds insuffisans. Lors des fortes crues, la Dordogne, contrariée dans son cours, forme des lames qui s'élèvent à une hauteur prodigieuse. Chaque fois que les mariniers y passent, ils courent la chance d'y perdre leur embarcation et souvent la vie. Jamais l'année ne passe sans qu'il y périsse quelques bateaux. Il s'y naufragea, en 1855, une gabarre qui valait cinq cents francs. Nous tenons des marchands de merrain, que, sans *la Dépouille*, on pourrait mettre, à partir de l'Anau d'Arches, les trois quarts de la charge au lieu de la moitié. C'est, en un mot, le passage le plus redouté des bateliers. Grâce à la sollicitude de l'ingénieur en chef, les plaintes du commerce à cet égard vont cesser. On a commencé à perfectionner, l'année dernière, ce passage, sous la direction de M. Costenet, conducteur des ponts-et-chaussées. La moitié de l'obstacle

a déja disparu, et il est probable que la totalité aurait été enlevée sans les crues de l'automne. Selon toute apparence, il n'en coûtera pas 2,400 f. pour vaincre ce Charybde de la Dordogne. Un peu au-dessous, on touche au port de Saint-Jean, où il reste encore quelques grosses pierres à extraire.

Les mauvais pas que l'on rencontre après *la Dépouille*, ne méritent pas la même attention; cependant nous allons continuer à les indiquer. Le premier, qui se trouve sur la commune du Gros-Chaston, porte le nom de *Mirandeix*, et le second celui de *Roche-Longimoux*. L'un et l'autre ne sont pas fort redoutés des patrons. Le Gros-Chaston.

La commune de Saint-Martin compte plusieurs mauvais passages; savoir : *le Rocher de la Loure*, celui *de Tarondet*, celui *de Becfage*, puis trois ou quatre rochers près du Bastron, et autant près de Glény. Il y a deux petits ports sur cette commune : celui du Lac et celui de Roussagous. Chose bizarre, une parcelle de la commune de Servières, qui est vis-à-vis, s'étend de l'autre côté de la rivière, sur la commune dont nous parlons. St-Martin-la-Méane.

Nous revenons maintenant à la rive gauche.

La commune de Darazac s'occupe du commerce du merrain, mais elle est pauvre et manque totalement de communications. * Darazac.

Celle de Servières, qui vient après, n'est connue que par son collége qui est très-fréquenté. Le pays compris dans les cantons de Servières et Mercœur, porte le nom de Cintrie. Il y a un chemin qui conduit de Servières à la route de Pleaux à Argentat, et un autre à Saint-Martin. C'est à la rencontre de ce dernier chemin avec la Dordogne que se trouvent les rochers de Glény. * Servières.

Notre tâche s'avance; nous voici dans le canton d'Argentat. Les difficultés qui obstruent la Dordogne tendent à diminuer, car nous n'en avons point à signaler sur cette petite commune. Elle est séparée de celle d'Argentat par le Doustre, que Ravinet indique comme flottable pendant 50,000 mètres. On remarque le long de la rivière quelques cabanes où l'on fait sécher les châtaignes. Martial.

Cette commune comptait deux mauvais passages, *Strichou* et *Riviège*. On a commencé à les améliorer l'année dernière, et probablement on finira cette année : ainsi nous pouvons les rayer de notre liste. Haute-Fage.

Espérons qu'à la fin de cette année, si la saison permet d'employer tous les fonds disponibles, il sera possible d'en retrancher encore un grand nombre. C'est avec une satisfaction inexprimable, qu'en approchant d'Argentat, on voit les berges de la Dordogne diminuer de hauteur, et l'horizon, si borné depuis Bort, s'étendre de plus en plus. Ce n'est cependant que bien près de la ville que les coteaux se couvrent de vignes et que la plaine se développe à plusieurs kilomètres d'étendue. La vue fatiguée de tous ces innombrables rochers qui croulent, d'arbres déracinés, de gouffres affreux, de populations misérables, se repose avec plaisir sur des paysages plus riants, animés par des cultures de différentes espèces. L'industrie commence aussi à se montrer là, sur une plus grande échelle; des bateaux de houille, de merrains et de bois y sont continuellement en charge. En mettant le pied sur le port, on ne peut se défendre d'une émotion profonde, à la vue du beau pont suspendu auquel M. de Noailles a donné le nom de sa fille *Marie*, morte à la fleur de l'âge.

Nous terminerons cette seconde partie de notre travail comme la première, par quelques réflexions. On a dû remarquer qu'à partir de l'embouchure de la Sumène, sauf le passage de *la Dépouille*, qui ne tardera pas à être complètement rectifié, nous n'avons pas eu d'obstacles sérieux à signaler. Le cours de la Dordogne est bien moins précipité et plus uniforme; son volume est grossi de plusieurs rivières et de beaucoup de petits ruisseaux. Quant à la dépense, nous ne mettons pas en doute qu'avec quarante mille francs on n'améliorât considérablement la partie comprise entre l'embouchure de la Sumène et Argentat. La plupart des passages dont nous avons parlé s'arrangeraient avec bien moins de mille francs chacun. Il y aurait ensuite un entretien annuel de deux mille francs environ, mais cette somme pourrait être payée par le commerce. Lorsqu'on examine attentivement les frais de ce travail et ses avantages, quelque chose surprend bien plus que les difficultés, c'est le retard que l'on a mis à les lever. Maintenant que le gouvernement et les conseils locaux seront rassurés par le résultat des travaux exécutés, et par les devis de ceux qui sont à faire, espérons qu'ils feront un dernier effort pour doter le pays de cette amélioration fluviale, au moins jusqu'au port de Chanuscle.

CHAPITRE V.

QUELQUES MOTS SUR LA DORDOGNE

D'ARGENTAT A LA MER.

Bien que nous nous soyons proposé de borner notre travail à l'examen de la Dordogne de Bort à Argentat, nous suivrons cependant son cours jusqu'à la mer. On appréciera mieux les intérêts qui se rattachent à cette grande rivière, lorsqu'on connaîtra les services qu'elle rend dans l'état où elle est, et ceux qu'elle peut rendre avec quelques perfectionnemens. Au reste, le titre de ce chapitre indique suffisamment que nous ne voulons traiter ce sujet que très-brièvement.

Argentat mérite une attention particulière, parce que son port est le terme du flottage, et à bien dire, le commencement de la navigation descendante. Cette ville communique par une belle route avec Aurillac et Tulle, deux chefs-lieux de préfecture; une diligence qui passe tous les jours, facilite considérablement les rapports de ces trois villes. Au moyen de la route de Pleaux qui s'achève en ce moment, les habitans d'Argentat échangent avec ceux de l'arrondissement de Mauriac, du vin, de l'huile, du sel, des châtaignes et des légumes, contre du fromage, des bois et des bestiaux. Deux autres routes doivent accroître incessamment la prospérité commerciale et agricole de ces contrées, la route de Beaulieu, qui est déjà viable pour les voitures, et celle de Brives dont on étudie les projets.

Malgré la fertilité du sol et la douceur du climat, l'esprit des habitans d'Argentat est tourné vers les chances aventureuses de la navigation. Le merrain, qui est l'objet principal de ces spéculations, peut s'embarquer une partie de l'année; néanmoins on ne l'expédie qu'à l'époque des crues. Alors il part jusqu'à cent cinquante bateaux dans un jour, parce qu'en général ces crues ne durent que vingt-quatre heures. Chaque bateau est conduit par quatre hommes jusqu'à Gluges, puis deux hommes suffisent. Comme les mariniers de la ville ne sont pas assez nombreux, on a recours aux habitans de la campagne. Ceux-ci n'étant pas très-exercés, il semble qu'il devrait arriver beaucoup d'accidens : on n'en compte cependant que deux sur cent expéditions. C'est à peu près douze naufrages par an; car il part de six à sept cents bateaux y compris 50 de houille. Si la quantité des transports augmentait, non-seulement ces accidens seraient plus rares, mais encore les mariniers, étant plus familiers avec leur profession, iraient plus vite et chargeraient davantage. Ce progrès a été remarqué sur toutes les rivières à mesure qu'elles ont été plus fréquentées, notamment sur l'Allier. Chaque bateau charge de deux à trois milliers de merrain, c'est-à-dire 240 quintaux, le poids d'un millier de merrain étant de 80 quintaux. Les bateaux qui portent la houille en reçoivent de 100 à 120 hectolitres seulement. La conduite de ce combustible est plus chanceuse; c'est pourquoi la charge est moins forte.

Le merrain descend jusqu'à Bergerac et Libourne; la houille s'arrête à Limeuil, d'où elle remonte la Vézère pour aller à la forge des Eyssies, chez MM. Festugière. Cette usine seule en consomme plus de cent mille hectolitres par an; si l'arrivage était plus facile, sa consommation serait bien plus considérable.

La construction vicieuse des bateaux nuit à la sûreté et à la promptitude de la navigation. Ils sont trop courts et trop pesans, par suite ils prennent trop d'eau. Il faudrait les construire, non en bois de hêtre, mais en sapin; ce dernier est infiniment plus léger. Il serait nécessaire ensuite de leur donner plus de longueur. Ces bateaux ne remontant jamais, et étant vendus à vil prix à leur destination, il y aurait beaucoup moins à perdre, parce que les planches de sapin peuvent toujours s'utiliser. C'est une considération de plus pour porter le balisage jusqu'au pied des montagnes où croît cet arbre précieux,

Malgré l'état actuel d'imperfection de la Dordogne, sa navigation descendante, à partir d'Argentat, est, comme on le voit, assez active. C'est une raison de croire que les améliorations que nous sollicitons lui donneraient une grande extension.

Voici les principaux obstacles qui gênent le cours de la Dordogne jusqu'à l'embouchure de la Vézère; nous les classons par départemens.

DÉPARTEMENT DE LA CORRÈZE.	Le rocher Malpas, à un quart-d'heure d'Argentat; L'écluse du moulin Badiol; Le rocher de Ciron, près Beaulieu; La pêcherie d'Estrées au-dessous de cette ville; Le rocher de Lioudre, près l'île Majerie.
DÉPARTEMENT DU LOT.	L'écluse du moulin de M. Dénoyer, à Cabret; L'écluse de Carennac; Le passage de Gluges; Le passage de Meyroguet (1).
DÉPARTEMENT DE LA DORDOGNE.	Le Cajoulet, près Lieurac; Les arbres de Montfort. Ce sont des troncs d'arbres coupés, auxquels on a laissé trop de saillie; ils crèvent les bateaux pendant les eaux basses.

De tous ces passages quatre seulement méritent quelque attention : le Malpas, le moulin Badiol, l'écluse d'Estrées et celle de Carennac. Le premier avait été, en 1730, l'objet de grandes discussions entre l'entrepreneur du balisage et M. le vicomte de Turenne. Ce dernier prétendait que les travaux avaient été mal faits. On y remarque encore une forte digue solidement construite, qui rejette toute l'eau sur la rive gauche. Le défaut d'entretien avait rendu le Malpas très-dangereux. Grâce aux soins de l'administration des ponts-et-chaussées, le danger n'existe plus depuis le mois d'octobre dernier. Nous avons

---

(1) *Statistique du Lot*, par DELPON, tome II, page 479.

visité ces travaux avec M. Costenet, qui les a dirigés avec beaucoup
de succès et à la grande satisfaction des mariniers. Il est à espérer
qu'on donnera de nouveaux fonds, et que les autres passages dangereux
recevront les mêmes amendemens. Une surveillance sévère de la police
fluviale contribuerait beaucoup à la sûreté de la navigation. Des propriétaires entravent sur beaucoup de points le cours de la rivière,
par des barrages mal conçus et sans autorisation préalable. Ils de-
vraient être soumis à les construire d'après les règles de l'art, ou à les
détruire. Devrait-on tolérer, par exemple, des écluses pour prendre
le poisson? D'autres propriétaires, mûs par une sordide cupidité,
s'approprient tous les bois qui sont entraînés sur leurs terres par les
inondations, ou s'ils consentent à les rendre, c'est avec des primes
équivalentes à la valeur de la marchandise. Tout cela se fait comme
au bon temps où l'on percevait le droit d'aubaine et de naufrage. Autant vaudrait éprouver ces malheurs sur la côte de Barbarie. Tant que
les marchands de merrain ne nommeront pas des syndics pour les
représenter, et que l'administration n'aura pas l'œil ouvert sur les
intérêts de la navigation, ces abus honteux continueront à gêner le
commerce. Vraiment, en comparant cet état de choses à ce qui se
passait en Angleterre au 13e et au 14e siècles, il semble que nous ne
soyons pas plus avancés. Ces considérations nous font désirer que
l'on réponde aux vœux des habitans d'Argentat, qui demandent depuis long-temps une sous-préfecture.

L'étude de la Dordogne ayant été faite avec soin depuis l'embouchure de la Vézère jusqu'à la mer, par M. Conrad, ingénieur des ponts
et chaussées, nous croyons superflu de nous en occuper. On trouvera
dans l'Annuaire de la Corrèze de 1825 tous les détails désirables sur
cette portion de la rivière. Au reste, il n'y a de signalé comme
dangereux que le passage de la Gratusse. C'est une suite de rochers
entre Saint-Caprais et Badefol, qui occupent une longueur de dix-huit
cents mètres. La Dordogne, resserrée entre ces masses rocheuses,
devient un torrent furieux qui emporte les bateaux avec une effrayante rapidité. Aussi, les mariniers prennent au port de l'Aiguillon
des patrons du pays qui sont familiarisés avec ces écueils. Malgré les
difficultés sérieuses qu'offre la Gratusse, la remonte s'y fait presque

pendant toutes les saisons, seulement on divise quelquefois la charge d'un bateau sur deux ou trois pour passer les *mayrès*.

Cet exposé des difficultés de la rivière étant terminé, nous allons examiner successivement la situation des principales villes qui se livrent au commerce de la navigation. La première, après Argentat, est Beaulieu. Avant d'y arriver, la Dordogne reçoit la Mayronne, qui est une rivière flottable sur vingt-cinq mille mètres. Le port de Beaulieu fait un grand commerce de vin, celui dit *de paille* est surtout très-estimé. On doit y construire incessamment un pont suspendu. Cette ville possède des fours à chaux pour ses besoins et ceux des environs. Argentat ne s'approvisionne que là, et fournit en échange la houille nécessaire à ces fours. Cette petite industrie est due à M. le comte de Noailles, qui la créa à l'époque où il fit construire le pont d'Argentat. Quoique le vignoble soit très-étendu à Beaulieu, on rapporte qu'il était plus considérable autrefois et que le manque de communications fit abandonner cette culture. Chaque propriétaire était obligé de consommer le vin de son crû. Aujourd'hui la vente est devenue facile dans la Haute-Auvergne, et elle tend tous les jours à s'accroître.

C'est un peu au-dessous du port de Beaulieu que se trouve le barrage d'Estrées dont nous avons parlé. Ce lieu est célèbre par la victoire que Raoul, duc de Bourgogne, y remporta sur les Normands, vers l'an 930.

La Dordogne reçoit ensuite un autre affluent, la Cère, qui est flottable sur 26,790 mètres. Il existe sur cette rivière sept moulins dont les vannes destinées au flottage sont dans le plus mauvais état[1]. On y jette chaque année du merrain, qui part de la Roquebrou. Cette rivière sépare le département de la Corrèze de celui du Lot. Il existe une verrerie pour gobelets tout près de Bretenous. C'est encore sur cette rivière, et sur le territoire de la commune de Cahus, que se trouve une belle carrière de serpentine, dont nous parlerons dans le chapitre suivant.

---

[1] *Statistique du Lot*, par DELPON, tome II, page 470.

La Dordogne abandonne près de là le terrain primitif pour entrer sur le calcaire jurassique qu'elle ne quitte plus. Cette transition subite se fait remarquer par l'étendue des plaines et la fertilité des terres.

Un peu au-dessous, l'on trouve Carennac qui a de belles carrières de calcaire oolithique; le grain en est si fin qu'il peut recevoir les traits les plus déliés; aussi on transporte cette pierre à Cahors (1) et dans les environs.

La navigation ascendante remonte jusqu'à Carennac. Les berges sont assez solides pour les bestiaux qui servent au hallage, et des hommes suffisent ensuite à remonter les bateaux jusqu'à l'embouchure de la Cère. Il serait à souhaiter que la navigation ascendante pût arriver jusqu'à Beaulieu, parce que les produits de grande consommation, tels que les eaux-de-vie, le sel, le plâtre, les meules de moulin, se trouveraient en communication plus directe avec l'Auvergne et le Limousin. Ces marchandises s'arrêtent en général au port de Souillac, d'où les commissionnaires les expédient par voitures dans les départemens limitrophes.

Peu de villes sont aussi heureusement situées que Souillac pour le commerce et l'industrie. Outre les avantages que lui procure son port, qui est fréquenté en tout temps, elle possède la route de Paris à Toulouse qui traverse la Dordogne sur un beau pont en pierre construit par M. Vical. Elle aura bientôt d'autres routes pour aller dans les départemens de la Dordogne et du Cantal. Les habitans cultivent avec succès, dans la plaine qui entoure la ville, toute espèce de céréales, les arbres à fruit, le chanvre et le tabac; cette dernière plante donne un revenu très-avantageux quand elle est cultivée avec soin. Le sol est un de ceux où elle vient le mieux. Les coteaux voisins sont tapissés de vignes qui produisent du vin de bonne qualité. Cette richesse agricole fait que les habitans se livrent moins à la navigation.

---

(1) *Statistique du Lot*, par DELPON, tome II, page 479.

Il y a dans les Annales des Mines de 1807, un rapport intéressant de M. Cordier sur les ressources minérales du département du Lot.

Autrefois une société, à Souillac, était seule en possession du commerce du merrain; elle avait même fait descendre du bois de sapin qui se débitait en planches au moyen d'une scierie établie sur un cours d'eau non loin de la ville. Aujourd'hui, le commerce du merrain est tout entier entre les mains des habitans d'Argentat, et il n'arrive du bois de sapin qu'en planches et par charrettes. On embarque à Souillac du bois de construction, du merrain, et toutes les productions agricoles du pays, puis encore les fers et les fontes de l'usine de Bourzole. Cet établissement est placé sur un cours d'eau, il a du minérai de bonne qualité et à très-bon compte, et la vente lui est facile. Malheureusement il ne peut pas augmenter ses produits, parce qu'il ne se sert que de charbon et que le bois commence à s'épuiser dans la contrée. M. Deltheil, qui est le propriétaire de cette forge, possède une belle forêt, mais elle ne peut pas lui suffire; deux hauts fourneaux ne se soutiendraient pas sans tirer du combustible de quelque autre part. Cette disette est générale dans ce département, et M. Delpon dit dans sa *Statistique,* que plusieurs forges à la catalane sont abandonnées, malgré la richesse du minérai, à cause du défaut de combustible (1). C'est une condition fâcheuse, car le bas prix de la main-d'œuvre, les nombreuses chutes d'eau, la facilité des communications, tout inviterait à créer dans cette localité de grands établissemens métallurgiques. Que faire sans combustible? Il serait trop coûteux de le remonter; la navigation descendante pourrait seule parer à cet inconvénient, mais elle n'atteint pas encore les forêts qui peuvent fournir du charbon, ni les terrains qui recèlent la houille.

La hauteur de Souillac au-dessus de l'Océan est de 140 mètres; la largeur moyenne de la Dordogne, dans le département du Lot, est de 170 mètres; la profondeur de 1 mètre 70 centimètres; sa vitesse, de 75 mètres par minute pendant les basses eaux, et de 150 pendant les crues; enfin sa pente est de 10 centimètres par 100 mètres, ou un millimètre par mètre.

_____

(1) Tome II, page

Le prix de la voiture par eau, de Libourne à Souillac, est de 2 fr. et 1 fr. 25 c. pour le sel seulement. C'est un privilége, à raison du peu de valeur de la marchandise et de la quantité qu'on en transporte. La voiture par terre de Souillac à Bort, est de 5 fr. les 50 kilogrammes ; la descente d'un bateau jusqu'à Bergerac coûte de 120 à 150 fr. Les gabarres qui font le service de la remonte sont en chêne et ont 20 mètres de long sur 4 mètres 50 centimètres de large, 1 mètre de tirant d'eau et 35 tonneaux de charge.

Nous devons faire remarquer qu'il a été fait des tentatives à diverses reprises pour monter des verreries dans le département du Lot, et qu'aujourd'hui même l'on songe encore à cette branche d'industrie. La cherté du combustible a toujours causé la ruine de ces établissemens. On tirait la houille d'Aubin, parce que celle de Cahors est peu estimée pour cet emploi. La terre réfractaire pour les creusets et les sables ne laissent rien à désirer ; il s'en expédie pour alimenter les verreries de Bordeaux.

Le département de la Dordogne commence tout près de Souillac ; l'on ne trouve aucun port à citer jusqu'à Domme. C'est entre ces deux villes, sur la rive gauche, et à la cime d'un rocher escarpé, qu'est bâti le château de Lamothe-Fénélon, où naquit l'auteur de Télémaque. Domme est très-renommé par ses meules de moulins qui sont recherchées dans une partie de la France ; on en transporte jusqu'à la Guadeloupe. Cette ville eut beaucoup à souffrir des guerres des Anglais ; elle fut souvent prise et reprise après des assauts sanglans. La route de Sarlat à Nontron la traverse, et bientôt, sans doute, elle aura un pont suspendu. C'est la patrie de M. Malleville, un des rédacteurs du Code civil.

Un peu avant Limeuil, on laisse sur la droite Saint-Cyprien, qui conserve de nombreuses traces du long séjour qu'ont fait les Romains dans ces contrées. Ces conquérans devaient se plaire dans les belles plaines formées par les dépôts de la Dordogne.

Limeuil est aussi une ville ancienne et ruinée ; ses vieilles murailles annoncent qu'elle était plus considérable autrefois.

En remontant la Vézère, on rencontre le Bugue, et deux lieues plus haut, la forge des Eyssies, qui occupe un grand nombre d'ou-

vriers, et livre au commerce pour un million de fer. C'est le premier
établissement du Périgord qui ait été construit d'après la méthode
anglaise. Toutefois, l'on y traite encore le minérai au charbon de
bois, la fonte seule est convertie en fer au moyen de la houille et
des cylindres. Cette forge trouve sur place la castine. Le charbon de
bois et une grande partie du minérai viennent des environs. L'autre
partie lui vient par eau de Lalinde, où il se montre par masses ;
une belle chute d'eau la fait mouvoir toute l'année sans interruption.
La houille seule lui manque pour en faire un établissement rival de
celui de Merthyr-Tydwil, en Angleterre, comté de Galles. L'avantage
devrait même appartenir à M. Festugière, car les fers du Périgord,
si appréciés des anciens (1), sont bien supérieurs à ceux produits par
les Anglais. Il n'est pas question du reste de parallèle entre les deux
établissemens sous le rapport de l'importance, car l'usine anglaise est
au-dessus de toute comparaison avec les établissemens de France. On
conçoit aisément que la houille qui sort des canaux ou des fleuves
de la Grande-Bretagne, qui traverse la mer, remonte la Gironde et
les écueils de la Gratusse, puis la Vézère, ne peut jamais arriver à
à bon compte à sa destination. Il faut espérer, pour la prospérité
générale du pays, que les nobles efforts des propriétaires trouveront
bientôt un nouvel encouragement dans l'amélioration des routes et
des rivières.

Au-dessus, et toujours sur la Vézère, est située la petite ville de
Montignac ; c'est la résidence de M. Vauthier, chargé de l'inspection
de la basse Dordogne. Selon M. Brard, il y aurait sur les bords de
la Vézère des pierres calcaires assez précieuses pour être transportées
à Bordeaux (2). Cette rivière était navigable autrefois, disent de vieux
titres, jusqu'à Terrasson ; c'est à peine si l'on peut aller aujourd'hui
jusqu'à Montignac. C'est à Limeuil qu'est placé le premier bureau
pour les droits de navigation ; on paye 10 centimes à la descente,

---

(1) Voir l'ouvrage de M. Taillefer sur le Périgord.
(2) *Minéralogie appliquée aux Arts*, tome II, page 17.

et 112 centime à la remonte, par tonneau. Le trajet d'Argentat à Limeuil se fait en deux jours; quel avantage n'y aurait-il pas à faire descendre la houille par la rivière?

La petite ville de Lalinde, qui vient après Limeuil, est une ancienne station romaine entre Périgueux et Cahors; on y voit encore beaucoup de vestiges de leurs travaux. Il s'y fait un grand commerce d'huile de noix, de blé et d'autres denrées. Plusieurs maîtres de forge du département viennent y prendre le minérai de fer qui leur est nécessaire. Lalinde est la patrie du tragédien Lafont. C'est au-dessous de ce chef-lieu de canton que se trouve le saut de la Gratusse; sur 100 mètres de longueur, il a 1 mètre 30 centimètres de pente, ou 15 mètres par kilomètre.

Nous touchons à Bergerac, qui est la ville la plus importante de la Dordogne : elle a neuf mille âmes. Les bateaux à vapeur établiront bientôt une communication prompte entre cette ville et Bordeaux. Les vins blancs de Bergerac sont très-estimés; ses meules de moulin le disputent à celles de Domme. On y remarque un beau pont construit moitié en briques, moitié en pierres, dont les travées ont 27 mètres. Cette ville a eu, comme toutes celles situées sur la Dordogne, beaucoup à souffrir des guerres avec les Anglais et des querelles religieuses. La plaine où elle est située a plus de 6,000 mètres de largeur; c'est le sol le plus fertile du département.

Ce département possède 40 hauts fournaux et 105 affineries au charbon de bois. Pour les alimenter, il faut plus d'un million de bois chaque année. Plusieurs de ces forges sont situées sur les affluens de la Dordogne entre Lalinde et Castillon. Ces eaux font mouvoir en outre un grand nombre de petites papeteries.

Sainte-Foy vient après Bergerac; c'est une ville de trois mille âmes, qui est à l'entrée du département de la Gironde, sur la rive gauche. On y voit un des premiers ponts suspendus qui aient été construits en France : il est l'œuvre de M. Quenot.

Castillon, sur la limite des départemens de la Dordogne et de la Gironde, appartient à ce dernier; sa population est la même qu'à Sainte-Foy. Avant d'y arriver, on laisse à droite Laforce, Fleix et Véline. Laforce est un des nombreux châteaux qui embellissent les sites du Périgord de leurs ruines historiques. Fleix est un port assez commerçant, où l'on embarque les vins blancs et rouges, et même le merrain. Véline est le lieu où naquit et mourut l'immortel auteur des Essais, Michel Montaigne. L'on montre encore dans un donjon flanqué de quatre tours, la chambre où il composa la plupart de ses écrits. La ville de Castillon est célèbre par la bataille qui fut livrée sous ses murailles aux Anglais, bataille qui décida de la possession de la Guienne.

Quand on commence à apercevoir le haut des mâts des bâtimens marchands, on est à Libourne. La marée, qui amène ces navires, remonte plus haut, jusqu'à Saint-Jean-de-Blagnac. Il y a à Libourne deux ponts qui donnent une activité considérable à son commerce. L'un en pierre sur la Dordogne; l'autre en fil de fer au confluent de l'Isle. Ce commerce consiste en sel, en vin, en bois, en denrées coloniales et en charbon minéral ou houille.

On y voit des restes de la domination romaine, qui attestent l'antiquité de la ville; elle était la résidence de prédilection des princes anglais, ducs d'Aquitaine.

Les deux départemens que nous venons de parcourir, la Dordogne et la Gironde, tirent en partie la houille d'Angleterre, et le bois des forêts de la Suède et de la Norwège.

Les bords de la Dordogne, à partir de Bergerac, sont sillonnés de belles routes; c'est une des contrées les plus peuplées et les plus fertiles de la France. Mais, au delà de ces plaines magnifiques, il y a des landes affreuses qui couvrent une partie du Périgord; l'industrie est en souffrance faute de communications; le combustible, qui est la vie de tous les établissemens industriels, principalement de ceux des départemens qui nous occupent, n'y arrive partout qu'à des prix très-élevés.

La Dordogne, vers la fin de son cours, roule ses flots rapides devant Saint-André-de-Cubzac, où se construit un pont suspendu assez élevé pour donner passage aux bâtimens. C'est à partir de cette petite ville, qu'il est question de faire un canal jusqu'à Bordeaux. On éviterait par ce moyen de remonter la Garonne; le commerce de la Dordogne avec Bordeaux y trouverait de grands avantages.

Enfin, la Dordogne, après un parcours de plus de cent lieues, mêle ses eaux grossies par tant d'affluens à celles de la Garonne. Ces deux rivières, que Montluc appelle les *deux mamelles de la Guiennne* (1), conservent chacune leur nom. Au-dessous de la langue de terre appelée Bec-d'Ambez, elle baigne la citadelle de Blaye, qui concourt avec le château de Médoc qui est en face, à défendre l'entrée de la Garonne. Cette citadelle était entourée autrefois par de vastes marais, qui furent desséchés avec succès par les ordres de Henri IV. Les deux rivières, devenues un seul fleuve, prennent le nom de *Gironde*, et vont se jeter dans la mer sur la côte d'Alvers, non loin de la tour de Cordouan. La construction de cette tour annonce que ces parages ont été dans tous les temps fertiles en naufrages. On y avait mis, du temps de Louis-le-Débonnaire, des hommes qui donnaient du cor pour préserver les bâtimens des barres formées par les dépôts de la Gironde; aujourd'hui elle est surmontée d'une lanterne en fer qui lui sert de phare, et qui a vingt mètres de hauteur. Ce sont les graviers que la Dordogne entraîne depuis sa source, qui ensablent les vastes bassins de la Gironde, et qui rendent plus dangereux les écueils du golfe de Gascogne.

(1) *Commentaires de Montluc*, seconde partie.

CHAPITRE VI.

DES AVANTAGES D'APPROVISIONNER LE BASSIN DE LA GIRONDE

AVEC LA HOUILLE DE LA HAUTE-DORDOGNE.

La houille est devenue d'un usage général : elle est dans beaucoup de pays le chauffage ordinaire du pauvre et du riche. Elle sert à faire le gaz, le goudron, le noir de fumée et le coke, qui remplace le charbon de bois dans les hauts fourneaux. On l'emploie au chauffage des savonneries, des sucreries, des bains, des fours à chaux, des tuileries et des poteries. C'est elle qui donne la force aux machines à vapeur, qui font mouvoir une partie de nos fabriques; enfin, elle devance sur les chemins de fer la vîtesse du cheval le plus agile. « C'est parce que je suis profondément convaincu, disait M. Thiers (1), » que les prodiges de l'industrie sont dus à ce merveilleux moteur, » que je voudrais l'assurer à mon pays. » La France a d'autant plus d'intérêt à accroître ses exploitations, qu'elle paie un tribut à l'Angleterre, pour ce produit, depuis le 13ᵉ siècle (2). La houille reçoit

---

(1) *Moniteur* du 26 avril 1835.

(2) L'industrie houillère occupe en Angleterre 200,000 personnes. La houille extraite s'élève à 17,700,000 tonnes; 700,000 seulement s'exportent à l'étranger ou dans les colonies. Le poids de cette masse de combustible équivaut aux 4/5 des produits charriés par les canaux.

9

tous les jours de nouvelles applications, en sorte que la consommation en augmente d'une manière effrayante. Elle n'était en 1789 que
de 6,000 tonneaux; la moitié venait du dehors. Aujourd'hui l'emploi
est de 3,200,000 tonneaux. Les mines indigènes ne fournissant que
2,500,000; c'est donc 700,000 que nous sommes forcés de tirer de l'é-
tranger, c'est-à-dire environ trente millions que nous versons dans
les caisses de la Belgique et de l'Angleterre, qui sont en possession
d'approvisionner, la première, le bassin de la Seine, l'autre ceux de la
Loire et de la Gironde. Ce dernier absorbe près de 40,000 tonneaux
à lui seul. La France consomme en outre une valeur de trente millions
de bois pour l'entretien de ses forges. Ce simple aperçu fait voir combien il importe de faciliter l'arrivée de la houille dans les contrées qui
en manquent.

Le bassin de la Gironde est, comme on sait, assez mal partagé
sous ce rapport. Durant le blocus continental et même pendant les
premières années de la restauration, Saint-Étienne et Decize en-
voyaient de la houille à Bordeaux par la Loire et la mer. La première
de ces villes en expédiait aussi par le Rhône et le canal de Languedoc.
Les caprices de la Loire, ceux de la Garonne et l'immense distance
à parcourir, ont rendu ces deux voies trop coûteuses. Aujourd'hui
Bordeaux y a renoncé; d'ailleurs il est certain que, depuis l'établissement des bateaux à vapeur, les bassins de la Méditerranée n'ont pas
assez de houille pour leurs propres besoins, et ne peuvent en verser
dans ceux de l'Océan.

Le département de l'Ayeyron pourrait en fournir par le Lot des quan-
tités considérables; mais le peu de profondeur de cette rivière ne permet
d'en faire descendre que très-peu. Une partie des extractions se consomme dans le pays, et notamment aux forges de Decazeville dont les
besoins sont énormes. On évalue à 250,000 fr. le montant de la houille
extraite chaque année dans ce département. Les exploitations datent
du 15ᵉ siècle; elles opèrent sur des gisemens immenses, qu'on peut
dire avec vérité inépuisables. M. Delpon pense que si la navigation du
Lot était rendue facile, ainsi que l'embarquement à Livignac, les
extracteurs livreraient le charbon à 2 fr. 75 c. les 100 kilogrammes à

Bordeaux (1). Il faut espérer que cette promesse se réalisera bientôt, puisque les travaux sont déjà commencés. Il est d'autant plus à désirer que la houille de l'Aveyron obtienne les moyens d'arriver promptement aux lieux de consommation, qu'elle se détériore en restant exposée à l'air.

Le département du Tarn, particulièrement aux environs de Carmeaux, envoie de la houille dans le bassin de la Gironde. Toutefois, bien que les extractions s'élèvent à plus de 300,000 fr., la quantité qui descend à Bordeaux ne dépasse pas 4 à 5,000 hectolitres. La majeure partie se vend et se consomme sur les lieux. La houille de Carmeaux est supérieure à celle d'Aubin; mais les diverses espèces de houille ont des qualités particulières qui les font rechercher, et donnent à toutes du prix, suivant qu'elles s'approprient au besoin des consommateurs. C'est ainsi qu'on en distingue plus de 70 espèces en Angleterre. Il est permis de croire que les perfectionnemens du Tarn donneront plus d'importance aux exploitations; pour le moment, Aubin et Carmeaux ne sont pas en état de lutter contre les houilles étrangères qui arrivent par la mer. Le prix de transport à Bordeaux leur coûte de 25 à 30 fr. le tonneau, tandis que des ports de Sunderland, Cardiff, Newcastle, on peut expédier à 20 fr. Indépendamment de cet avantage, le charbon anglais est préféré pour la qualité et revient à bien meilleur marché sur le carreau de la mine.

Le port de Newcastle est en possession d'approvisionner cette partie du littoral de la France. Généralement les navires n'apportent que du *pérat*, bien que la houille menue soit à plus bas prix. Les exploitations qui les fournissent sont situées sur les bords de la Tyne, qui est navigable jusqu'à cinq lieues de son embouchure, et dont les rives sont couvertes de chemins de fer, sur lesquels descendent continuellement des wagons. Les chariots arrivent sur une plate-forme d'où ils se déchargent dans les embarcations. La houille de cette provenance se vend à Londres plus cher que celle des autres comtés : c'est le combustible de

(1) *Statistique du Lot*, tome II, page 485.

luxe. Presque tous les concessionnaires sont réunis en une seule compagnie, ce qui leur donne, à la volonté du directeur, la facilité d'élever les prix. Cette industrie date de loin. En 1078, le fils de Guillaume-le-Conquérant visita un puits. Le lieu lui plut; il y fit bâtir un château, qui fut bientôt entouré de maisons : c'est aujourd'hui l'opulente ville de Newcastle. Cependant, plus tard, l'usage du charbon minéral n'était pas très-connu, au moins hors de l'Angleterre; car Pie II, qui la visita au 15e siècle, raconte qu'il fut très-surpris de voir donner à titre d'aumône des espèces de pierres qui brûlaient comme du bois.

La houille que la Belgique expédie à Bordeaux vient en partie des environs de Mons; elle est conduite par des canaux jusqu'à Dunkerque où elle est embarquée. Le prix du revient est à peu près de 5 p. °⁄₀ au-dessous des expéditions d'Angleterre.

C'est à ces différentes sources nationales et étrangères que le bassin de la Gironde est forcé de recourir pour ses approvisionnemens, tandis qu'il existe à sa proximité, sur les bords de la Dordogne, des richesses houillères que la navigation de cette rivière, si elle était améliorée, mettrait en état d'être exploitées avec fruit d'abord, et de vaincre plus tard la concurrence anglaise.

Les premiers gisemens de houille se montrent, comme nous l'avons dit, dans les communes de Singles et de Messeix (1): ils sont le prolongement du bassin houiller qui commence à Commentry et finit dans l'Aveyron. Les affleuremens très-apparens sur la première de ces communes, se resserrent et disparaissent même parfois, puis on les retrouve et on les voit s'étendre au delà de la ville de Bort, sur les communes d'Ides, Madic, Champagnac et Veyrière (2).

Jusqu'à présent il n'a été fait d'extraction dans ces diverses localitésqu'en proportions très-minimes, et seulement pour les besoins fort restreints des environs. La consommation n'a jamais passé 4,000 hec-

---

(1) *Annuaires de la Corrèze* pour 1823 et 1824.

(2) M. de Chabrol, dans la *Coutume d'Auvergne*, cite les mines de houille de Veyrière, ce qui indique, ainsi que le rapporte la tradition locale, qu'on a commencé à exploiter très-anciennement sur le territoire de cette commune.

tolitres; il est vrai que la houille se vend 2 fr. 50 c. les 100 kil. sur le puits, et 5 fr. dans la ville de Mauriac. Des communications plus faciles procureraient sans doute des débouchés, et rien n'est plus désirable; car les montagnes du Mont-Dore et de Murat ont recours à la tourbe faute de bois. Comme ce terrain houiller n'a encore été fouillé là qu'à une petite profondeur, on ignore quelle peut être sa richesse. Les ingénieurs n'ont pas jusqu'ici de données certaines à cet égard. Quant à l'étendue, elle dépasse 100 kilomètres carrés. Les déceptions dans ce genre d'entreprises sont si fréquentes et si redoutables, que bien peu de personnes osent y hasarder des capitaux. On sait, lors même que la richesse des gisemens dépasserait toute attente, qu'aussi long-temps que la Dordogne, qui est la voie naturelle d'écoulement des extractions, ne sera pas rendue navigable, il y aura impossibilité d'en tirer un parti avantageux. Mais la question changerait s'il devenait possible d'arriver jusqu'à Souillac, et de descendre de là jusqu'à Libourne, c'est-à-dire, jusqu'à l'Océan.

Le petit bassin de Lapleau, près Maymac, département de la Corrèze, est le plus riche de la contrée. Il était exploité par des paysans des environs, lorsqu'en 1805, M. Jovin le visita et en demanda la concession. Cet habile industriel donna une grande activité à l'exploitation; il en porta les produits jusqu'à 30,000 hectolitres, plus de 40,000 fr. Ce charbon ne prend que la voie de terre, et va avec profit à Tulle, Brives, Périgueux et Limoges. La qualité ne laisse rien à désirer; seulement le prix en est trop élevé: il revient à plus de 5 fr. les 100 kil. aux lieux de consommation. Si la route de Neuvic était achevée, il pourrait être embarqué à Saint-Projet. Un troisième bassin houiller, celui d'Argentat, était aussi exploité, dès les temps les plus reculés, par les habitans du pays. M. le comte de Noailles en obtint la concession en 1824. Cette exploitation ne livre au commerce que pour 8 à 10,000 fr. de produits. Le prix est de 1 fr. 25 c. les 50 kil. sur le port. Leur qualité est inférieure à ceux de Champagnac et de Lapleau; cependant cette houille est employée à la manufacture d'armes de Tulle, pour la confection des baïonnettes. Les couches n'ont que deux pieds et sont exploitées par des galeries. Le terrain, qui se compose d'un grès pourri, offre des difficultés assez sérieuses pour les établir solidement. Néanmoins, l'entreprise prendrait du développement, si la descente à Bordeaux par la Dordogne était rendue plus facile et plus économique à partir d'Argentat. Mais dans l'état actuel de la navigation, il n'y a pas de bénéfice à espérer pour l'exploitant. En effet, l'extraction d'un quintal métrique de houille coûte......................... 1 fr. » c.

La conduite sur le port............................... » 40
La descente à Limeuil.............................. 2 »
Divers droits....................................... » 50

Soit pour 100 kil.......... 3 fr. 90 c.

Il est vrai qu'il faut déduire le prix du bateau qui se calcule ainsi :

Prix du bateau..................................... 120 fr. » c.
Journées des mariniers.............................. 80 »

200 fr. » c.

Revente du bateau................................. 50 »

150 fr. » c.

Il n'en coûterait réellement que 1 fr. 50 c. pour descendre 100 kilogrammes de houille à Limeuil, si l'on devait compter pour rien les nombreux sinistres. La houille anglaise, avant la diminution du droit, arrivait au même endroit, au prix de 4 fr. 50. Depuis ce dégrèvement, le prix doit être tombé à 3 fr. 50 c., 4 fr. au plus. Chose singulière, il n'en coûte pas plus pour venir des ports anglais dans les ports français, et même à 40 lieues de ces ports, dans l'intérieur, que pour descendre d'Argentat à Limeuil. Quelle différence si la rivière était parfaitement navigable! les bateaux chargeraient le double, et les frais de transports se réduiraient de moitié. Si la houille d'Argentat ne peut pas lutter en ce moment avec la houille d'outre-mer, les difficultés seraient encore plus grandes pour celles de Champagnac et Lapleau. Ce n'est que par le perfectionnement de la rivière jusqu'à Chanuscle que peut être neutralisé pour elles le désavantage de la distance. Ces trois houillères ont, comme celles d'Angleterre, l'avantage d'être placées très-près des lieux d'embarcation, et la Dordogne est de toutes les rivières qui se jettent dans l'Océan, celle qui peut y conduire la houille à meilleur compte.

Le plus important des bassins houillers du département de la Corrèze, celui de Brive, peut faire arriver ses produits dans la Dordogne
par la Vézère. Une société s'est formée pour exploiter la partie de ce
bassin qui est près du Cublac; tout fait espérer que les explorations
dont elles s'occupe seront couronnées de succès, si elle a assez de persévérance pour les pousser jusqu'à la profondeur convenable.

Une exploitation est en activité au Lardin, département de la Dordogne. Malgré l'habileté bien reconnue du directeur, cette entreprise
n'a pas donné les résultats qu'on attendait. C'est de cet endroit que
l'on tire les meules à aiguiser pour la manufacture d'armes de Tulle;
elles sont en grès rouge, qui se trouve en général superposé au grès
houiller. Ce gisement ressemble sous ce rapport à celui de Newcastle,
qui fournit des meules à une partie des ports de l'Europe. Cette variété de grès coloré ne contient pas de houille.

Lorsqu'on suppute tout ce que la Dordogne peut procurer de richesses et d'industrie aux populations qui jusqu'ici laissent improduc-
tifs ce grand nombre de terrains houillers qu'elle traverse, on s'étonne
qu'elle n'ait pas reçu de fonds pour perfectionner son cours au même
titre que le Lot et le Tarn, qui ne doivent la faveur qu'ils ont obtenue
qu'à l'opinion où l'on est que leur situation est des plus favorables pour
fournir la houille au bassin de la Gironde. Nous pensons que, par la Dordogne, les exploitations de la Haute-Auvergne pourraient en faire descendre en tout temps, au prix de 3 fr. les 100 kilogrammes. L'économie
qui en résulterait, et la certitude pour les usines d'être approvision-
nées, nonobstant les chances de guerre, accroîtraient la consommation
dans une proportion immense, et feraient préférer les charbons français à ceux des étrangers. C'est grâce à l'état d'impuissance et d'inac-
tivité où ces exploitations sont réduites pour le moment, que les
Anglais les supplantent dans les ports de l'Océan, et s'enhardissent
jusqu'à envahir la Méditerranée. On le sait, leurs bâtimens apportent
la houille à Marseille à 33 fr., en concurrence avec celle du Forez (1).

---

(1) *Revue Britannique*, année 1835.

Ils fournissent déjà Alger et Constantinople ; leur soumission pour cette dernière ville était à 36 fr., et celle des Français à 42.

On objectera que tant que les Anglais viendront chercher à Bordeaux du vin et des eaux-de-vie, ils feront une rude guerre à nos petites exploitations, parce que les bénéfices du retour leur permettent de compter pour peu de chose le fret de l'aller, et que même ils ne prennent de la houille que comme lest. Nous répondrons que dès que les exploitans français seront en possession de trois rivières parfaitement navigables pour verser leurs produits dans la Gironde, leur procédés d'extraction et de navigation se perfectionneront au point d'amener une baisse graduelle telle qu'ils ne craindront plus de concurrence, et que bientôt même ils n'auront pas besoin de la protection d'un droit de douanes, que jusque-là cependant on eût bien fait de ne pas réduire d'un franc à trente centimes pour la zone comprise entre les Sables d'Olone et l'Espagne. La commission des douanes avait émis un vœu favorable à cette opinion. « Nous avons pensé, disait-elle, qu'avant de diminuer les droits » sur les houilles étrangères, on devrait améliorer notre navigation in- » térieure par tous les moyens praticables. » En effet, la liberté du commerce est un fléau pour les pays neufs, et l'on doit considérer comme tels ceux qui n'ont ni routes ni rivières navigables. La ville de Bordeaux pouvait attendre, car elle ne payait pas la houille plus chère que Paris. Lorsque des rivières rocheuses seront transformées en canaux navigables, nous appellerons de toute notre force les produits étrangers, parce qu'ils ne feront qu'exciter une rivalité généreuse et utile ; mais jusque là il y a vraiment une inexplicable erreur à ne pas encourager les houillères nationales : on sait que deux millions de houille suffisent pour créer plus de trente millions de produits industriels, et occuper cinquante mille bras ; que deviendrait notre industrie, si l'Angleterre cessait brusquement de nous approvisionner ? Cette éventualité est menaçante surtout pour Bordeaux, qui est la ville de France qui tire le plus de houille et de coke de l'étranger. Nous ne pensons pas qu'il soit nécessaire de revenir sur ses pas : 30 c. sont déjà une taxe protectrice raisonnable ; mais faut-il au moins accorder les fonds nécessaires au balisage de la Dordogne. Les habitans de la Haute-Auvergne et du Limousin doivent espérer de les obtenir, en voyant à la tête

des finances un ministre qui a prononcé ces paroles : « Il y a un grand
» intérêt, et un intérêt national à ne pas trop dépendre du commerce
» étranger pour l'approvisionnement des houilles. » (1)

---

(1) Discours de M. Duchâtel, *Moniteur* du 26 avril 1835.

CHAPITRE VII.

DE L'AUGMENTATION DANS LES TRANSPORTS SUR LA DORDOGNE

PAR SUITE DU BALISAGE.

Il est difficile d'apprécier tous les avantages commerciaux et industriels qui sont le résultat des communications hydrauliques; ils embrassent à la fois mille objets divers. Les matières pesantes surtout qui n'ont pas de valeur, peuvent en prendre une considérable par la facilité de les transporter dans les lieux de consommation. La plupart des mines d'Angleterre n'ont été exploitées qu'après la création des canaux ou le perfectionnement des rivières. Nos cours d'eau n'ont pas, il est vrai, commè ceux de nos voisins, la marée pour les fortifier, circonstance particulière qui a fait dire à un auteur anglais, que ce n'est pas les rivières qui vont dans la mer, mais bien la mer qui vient chercher les rivières. Sans viser à des améliorations auxquelles la nature s'oppose, nous pouvons réclamer pour la Dordogne ce qui a été fait sur l'Allier et la Loire; ce que nous proposons n'a rien de chimérique, rien qui n'ait été expérimenté ailleurs, et qui n'ait pu être jugé par tout le monde.

Un grand nombre de produits divers, susceptibles d'être embarqués, profiteraient du perfectionnement de la Dordogne. Nous parlerons d'abord des bois de chêne. Le commerce du merrain, qui, dans l'état actuel des choses ne peut se faire qu'avec une lenteur désespérante, gagnerait immensément. Les expéditions embarqueraient toujours, et par suite la vente serait plus avantageuse, car le merrain flotté perd de valeur, à cause du sable qui s'y attache et des déchirures qu'il éprouve en heurtant contre les pierres et les écueils. Les marchands éviteraient également les sécheresses d'été qui les ruinent en frais, et les crues qui leur enlèvent en quelques instans les profits de plusieurs années. Que de familles gémissent victimes de ces accidens affreux !

Le chiffre de ce commerce monte à plus de 300,000 fr.; l'économie qu'il peut faire est considérable, car les frais de transports entrent pour moitié dans ce capital. L'humanité fait aussi désirer que le flottage cesse; les malheureux mariniers, obligés de se mettre dans les eaux froides pendant plusieurs mois de l'année, sont perclus ou criblés de douleurs à trente ans. Ils ne trouvent ensuite d'allégement à leurs souffrances qu'en allant chaque année tremper leurs corps épuisés dans les boues thermales de l'Aveyron. Il serait mieux encore de construire les tonneaux sur les lieux mêmes où se débite le merrain; il n'y aurait de cette manière que le poids indispensable à transporter. L'avantage ne serait pas douteux si l'on voulait utiliser les ingénieuses machines de M. Malleville, qui fabrique les tonneaux par des moyens mécaniques. Si la rivière était navigable, le chêne pourrait être destiné à plusieurs emplois; tantôt on l'expédierait en fortes pièces, tantôt en lames de parquet jusqu'à Bordeaux. Une vente plus facile et un prix plus élevé encouragerait les propriétaires à prendre plus de soin de la culture de cet arbre, le roi de nos forêts.

Les arbres résineux fourniraient aussi à l'architecture civile et navale des ressources négligées. Les sapinières que la hache du bûcheron n'atteint jamais, seraient exploitées. Le gouvernement lui-même en possède plus de 1,500 hectares, qui ne rendent pas assez pour payer les frais de gardes. C'est une perte pour l'état et pour les habitans voisins qui manquent de travail. Mirabeau, frappé des inconvéniens attachés aux propriétés nationales, disait qu'il fallait les vendre ou les donner. Il est à souhaiter que l'administration établisse un mode quelconque d'exploitation qui tourne au profit général. C'est d'autant plus à désirer, que les forêts des Pyrénées s'épuisent et que les pins des Landes cèdent leur place à la charrue. L'on pourrait également tirer parti du bois de hêtre pour un grand nombre d'usages; nous citerons : les poulies, article indispensable dans les ports de mer; les avirons, les jantes de roues, les sabots, les pelles, etc. Le tilleul qui croît avec vigueur dans les gorges de la Rue, trouverait un débit assuré dans les ateliers de sculpture. Les taillis qui couvrent les bords escarpés de la Dordogne se transformeraient en charbon végétal au service des usines métallurgiques du Périgord. Il n'est pas jusqu'à l'écorce de chêne qui ne fût susceptible d'être embarquée.

Si nous passons au règne minéral, nous trouvons encore des ressources industrielles. Les meules à aiguiser, qui sont l'objet d'un petit commerce, pourraient être embarquées et devenir une occupation très-lucrative pour un grand nombre d'ouvriers. Le grès de Val est très-fin et se prête admirablement bien à la taille. Le grès à gros grains est d'un emploi très-usité comme pierre réfractaire; il serait possible d'en transporter dans la basse Dordogne pour la chemise des hauts fourneaux. Le tripoli de Menet mérite aussi quelque attention; l'on sait que cette substance sert à polir les glaces et donne de l'éclat aux métaux; en bonne qualité, elle vaut à Paris 4 francs la livre. Les laves blanches des Goules, près Neuvialle, donneraient lieu peut-être sur la Dordogne à un commerce aussi important que celles de Volvic sur l'Allier. Les premières se taillent plus facilement et sont d'un aspect plus agréable. Les pouzzolanes sont encore une matière de grande consommation dans les travaux hydrauliques; puis les domites qui commencent à être utilisés dans les arts pour filtres, hampes, vases, etc. Le marbre de Vesac et celui de la Forestie, joints à la marne de Saint-Cristophe, rendraient des services immenses à l'agriculture, si l'état des chemins permettait de vendre ces produits à bon compte. Il est bien reconnu que le calcaire est indispensable à la nourriture des meilleures plantes fourragères; ce genre d'amendement dure vingt ans. Les Gaulois s'en servaient beaucoup; les Romains leur empruntèrent cette méthode et en agrandirent l'emploi. Leurs descendans dédaignent cette excellente pratique de l'expérience. La marne peut remplacer le plâtre dont les avantages sont bien connus. Il y a des canaux en Angleterre qui n'ont pas d'autres matières à transporter.

La houille, dont nous avons fait connaître les principaux gisemens dans le chapitre précédent, serait à elle seule l'objet d'un grand commerce. De nombreux mariniers trouveraient dans le transport de cette substance une occupation journalière et perpétuelle ; le profit ne serait pas seulement pour les départemens du Cantal et de la Corrèze, il s'étendrait à tous le pays, jusqu'à la mer, principalement au Périgord, où de nombreuses forges existent déjà et n'attendent que du combustible en abondance et à bas prix, pour s'agrandir ou se multiplier. Maintenant le fer et la houille ne font qu'une même question ; c'est ce que prouve le rapprochement suivant :

PRIX AUQUEL REVIENNENT 100 K^{mes} DE FER.

EN STAFFORSHIRE.		EN PÉRIGORD.			A SAINT-ÉTIENNE.		
Minérais...	9 50	Fonte......	140 k.	26 67	Fonte......	140 k.	14 00
Castine....	1 35	Charbon...	170	9 45	Houille....	350	1 80
Houille pour le haut fourneau...	4 75	Main-d'œuvre....		2 10	Main-d'œuvre....		3 50
Houille pour l'affinage...	2 52	Frais de régie...		» 50	Administration..		» 25
Main-d'œuvre...	3 90	Entretien de l'usine et intérêts..		2 50	Réparation.		» 50
					Intérêt du capital..		1 00
	22 02			41 22			21 05

On voit par ce tableau combien le Stafforshire et Saint-Étienne produisent le fer à un prix inférieur à celui du Périgord. Encore le comté anglais est un de ceux où il revient le plus cher ; car, en général, il ne revient en Angleterre que de 150 à 180 francs la tonne. L'établissement de Saint-Étienne obtient, comme on le voit, encore des résultats à peu près semblables ; toute la différence entre ces prix et ceux du Périgord vient de ce que l'Angleterre et Saint-Étienne emploient de la houille, tandis que le Périgord ne fait usage que du charbon de bois. La

houille a l'avantage de brûler moins vite que le charbon de bois, et par
suite de permettre de construire des hauts fourneaux dans de plus
grandes proportions; il en résulte la facilité de fabriquer plus de produits
dans le même temps et avec une plus grande économie: au reste, la su-
périorité des Anglais se trouve moins dans leurs hauts fourneaux que
dans l'emploi des fours à reverbère et des cylindres qui, dans le même
temps et avec le même nombre d'ouvriers, produisent une bien plus
grande quantité de fer que ne peuvent le faire les forges. On doit moins
viser, en Périgord, à fabriquer à aussi bon marché que nos voisins,
qu'à obtenir une qualité de fer supérieure : les maîtres de forge par-
viendront à ce résultat, en traitant la fonte au charbon de bois et le
fer à la houille. Cette dernière méthode n'exige, pour convertir la fonte
en fer, que deux opérations au lieu de trois, qui sont en usage dans le
département de la Loire. Ce problème difficile aurait été résolu par
MM. Festugière, si la houille arrivait à leur usine à des prix moins élevés;
bien plus, notre opinion est qu'avec de grands hauts fourneaux à la
houille, le Périgord réussirait à rivaliser pour les prix avec St-Étienne;
car, tout obligé qu'il serait de recevoir le combustible par la haute Dordogne, sa condition ne serait pas pire que celle de cette ville, qui fait
remonter les fontes par le Rhône. L'abondance et le bon marché de la
houille mettraient encore les entreprises du Périgord en état de fournir
une plus grande quantité de fontes aux belles forges de Decazeville.
S'occuper d'améliorer la partie haute de la rivière, c'est donc travailler
aussi à la prospérité de la partie basse; c'est avancer l'époque ou l'industrie des fers, dans cette belle partie de la France, pourra se passer de
tarifs protecteurs et rivaliser avec les Anglais. Pour montrer combien
le prix du combustible peut exercer d'influence sur les bénéfices des
établissemens métallurgiques, nous citerons les forges de Chatillon-sur-
Seine, qui réalisent une économie annuelle de 100,000 francs, depuis
qu'elles reçoivent de la houille d'Epinac par un chemin de fer et le canal de Bourgogne.

Tout près de Beaulieu, on trouve la belle carrière de serpentine
de Cahus, département du Lot. Un propriétaire riche des environs essaya
peu de temps avant la révolution d'en tirer parti. Il fit venir des ouvriers flamands qui réussirent à extraire des blocs énormes, dont

quelques-uns furent apportés au port d'Estrès. Les orages politiques de 1793 arrêtèrent cette industrie au moment où elle commençait à naître; la plupart des ouvriers rentrèrent chez eux, un seul resta, et il a suffi pour faire connaître toute la beauté de ce marbre précieux. L'église de Cahus est ornée d'un bénitier et d'un devant d'autel qui ne laissent rien à désirer pour le poli et l'éclat des couleurs : on voit aussi à la préfecture de Tulle un très-beau dessus de table fait par le même ouvrier. M. Delpon, après quelques réflexions relatives à cette carrière, en parle ainsi : « Cette serpentine, taillée horizontalement, pré-
» sente des flocons d'or et d'argent sur un fond d'un vert plus ou
» moins foncé; coupée verticalement, elle a l'aspect d'un jaspe vert et
» jaune; prise obliquement, elle offre des combinaisons des deux effets. »
Cette carrière est inépuisable; un des filons à 16 mètres de puissance. Les anciens employaient fréquemment la serpentine, les Druides y attachaient même la découverte de certains mystères, et les chefs gaulois en faisaient des haches d'armes. Les Romains s'en servirent pour l'ornement de l'amphithéâtre de Limoges; il s'en trouve encore beaucoup de fragmens dans les ruines de cet antique monument. Le bassin que l'on voit à Aurillac et les colonnes qui embellissent le portail de l'église de Beaulieu, annoncent que la carrière de Cahus a été exploité dans le moyen-âge. Depuis, elle n'a pas obtenu l'attention qu'elle mérite. S'il y avait des chemins commodes pour y aboutir, on pourrait établir une scierie sur la Cère ; les tablettes se vendraient avec avantage à Bordeaux, à Paris, et même à l'étranger.

Si, après avoir examiné les produits attachés au sol, nous jetons les yeux sur les industries locales qui pourraient surgir, nous parlerons en première ligne du tissage des toiles, par l'emploi des métiers mécaniques et des machines à filer; cette fabrication deviendrait une source de travail et de prospérité pour l'arrondissement de Mauriac. La nature, qui lui a donné de l'eau très-propre au blanchîment des toiles, a doté aussi ce pays de moteurs nombreux et peu coûteux : les produits de ce genre, qui ne dépassent pas aujourd'hui 900,000 francs, s'élèveraient facilement à plusieurs millions. C'est en utilisant la laine par des moyens semblables à ceux que nous proposons pour le chanvre, qu'un département voisin, la Lozère, s'est créé une industrie qui fait vivre ses habitans. Le lichen est encore un produit précieux; il couvre les laves du Cantal : peut-être serait-il possible d'en découvrir une plus grande variété d'espèces. On est parvenu en Angleterre à distiller le lichen fermenté avec les urines, et à lui donner une couleur plus vive, plus solide et presque inodore. Les industriels français qui ont perfectionné ce genre d'industrie, sont MM. Michel fils à Paris, et Brun et compagnie à Lyon. Ce commerce qui n'est que de 40,000 fr. dans l'état actuel des choses, devrait s'accroître, surtout avec la facilité de vendre à Felletin, qui en consomme beaucoup pour les tapisseries d'Aubusson; le prix est d'environ 3 fr. la livre. Si l'on ne considérait que les habitans du pays, l'industrie des toiles pourrait paraître indépendante de bonnes commmnications; mais il faut songer qu'elle ne prendra de l'accroissement que par des capitaux étrangers. L'esprit des habitans du Cantal n'est pas tourné pour le moment vers les spéculations locales; ils préfèrent porter leurs capitaux et leurs talens dans des climats plus tempérés. Cet usage date de loin, car Strabon en parle comme d'un avantage pour les montagnards. Toutefois, aujourd'hui les temps sont changés, ces émigrations sont reconnues funestes à la prospérité matérielle du pays (1). Nous sommes loin de cette époque où une société de Cantalistes, établie en Espagne, avait mérité par sa probité et son exactitude à remplir ses engagemens, la confiance de tous les comptoirs de l'Europe (2). Les bénéfices qu'elle avait réalisés ne se font plus; chaque peuple tend à se suffire, et d'ailleurs les routes annullent ces industries ambulantes : si quelques intérêts particuliers en sont froissés momentanément, la masse doit y gagner. M. Brieude, qui blâme ces expatriations, dit en parlant des émigrans : « Les alimens dont ils usent, l'air qu'ils respirent, les métiers qu'ils » exercent, les mœurs qu'ils contractent, toutes ces causes réunies al- » tèrent promptement leur santé. » Que ces voyageurs, au lieu de cam-

---

(1) De l'*Industrie du Cantal*, par M. GRENIER, 1835.

(2) *Annuaire du Cantal*, 1817.

per un peu partout, tournent leurs efforts vers les lieux qui les ont vus naître! peut-être y trouveront-ils des ressources égales à celles qu'ils vont chercher à l'extrêmité du monde.

Enfin, parmi les produits locaux qui peuvent alimenter les transports, il faut surtout signaler les fromages, qui doivent être classés au nombre des matières pesantes; faute de route, ils sont charriés dans presque tout le Cantal à dos de mulets. Il serait plus avantageux aux producteurs de chercher des débouchés du côté de l'Océan, parce qu'ils rencontrent, à Clermont et au Nord, la concurrence des fromages de la Suisse et de la Hollande.

Il est une foule d'articles de commerce auxquels, malgré leur éloignement des points d'embarquement, la Dordogne offrirait une voie d'écoulement plus économique et plus utile que celles qui leur sont ouvertes dans l'état présent. Nous citerons le noir minéral de Menat, qui se vendrait avec avantage aux raffineries de sucre de Bordeaux; la coutellerie commune de Thiers, les bouteilles de Givors et de Mègecoste, les cuirs, les chanvres de la Limagne et une infinité d'autres produits qu'il serait trop long d'énumérer.

Nous ne terminerons pas sans faire remarquer que c'est par la Garonne et la Dordogne que Bordeaux doit recevoir ses approvisionnemens en cas de guerre; c'est une observation qui n'a pas échappé au général Lamarque, dans son Mémoire sur le canal de l'Adour. Ces deux rivières ne sauraient être interceptées sans que cette grande cité en éprouve une atteinte funeste. Il ne faut pas remonter bien loin pour s'en convaincre; il suffit de citer l'époque où les députés de la Montagne arrêtèrent, de ce côté, l'arrivage des subsistances. Une autre considération doit rattacher la ville de Bordeaux à la navigation de la Dordogne, c'est l'éventualité de l'exécution du canal des Pyrénées, proposé par M. Galabert. Si ce canal se continue jusqu'à Bayonne, les Hollandais, les Anglais, le commerce des villes anséatiques, laisseront la Garonne pour prendre cette nouvelle communication, qui abrégera la distance actuelle des deux mers. Enfin, si un jour Bordeaux doit devenir le point de débarquement des marchandises de l'Inde, qui de là se répandront vers le centre de la France, c'est la Dordogne qui doit être la grande artère par laquelle s'établira cette nouvelle circulation. Ces considérations sont sans doute éloignées, mais les villes vivent des siècles et ne doivent pas compter comme les individus. M. Deschamps n'a-t-il pas dit que pour rendre la prospérité au commerce de Bordeaux qui se sent décliner, il fallait améliorer toutes les voies fluviales qui y aboutissent, afin d'avoir un arrivage sûr des marchandises de l'intérieur, et la facilité de distribuer commodément celles qui viennent par la mer? La Dordogne est surtout nécessaire à l'approvisionnement de Rochefort, cette importante création de Louis XIV. Les projectiles de guerre, le lest, les bois, les provisions de bouche peuvent descendre par cette voie. Il en faut une grande quantité dans ce port, où se construisent et s'arment un si grand nombre de vaisseaux de guerre.

Nous espérons trouver dans le concours de tous ces intérêts et dans les personnes éclairées qui les représentent, un appui auprès du gouvernement qui a déjà montré une généreuse sollicitude et ses bonnes intentions à cet égard. Il est bien temps que les fonds votés pour l'avantage et le bien-être de toutes les parties du territoire, s'étendent à la Haute-Auvergne. Outre les impôts ordinaires, cette province paye de plus celui du sel dans une proportion qui les augmente d'un tiers. Malgré cette surtaxe, l'état de ses communications témoigne assez que l'on a jusqu'ici beaucoup plus pensé à elle pour lui prendre que pour lui donner.

CHAPITRE VIII.

RÉSUMÉ ET CONCLUSION.

Nous allons résumer en quelques lignes tout ce que nous avons dit dans les chapitres précédens.

1° Il nous a été facile d'établir que les cours d'eau sont de beaucoup la voie la plus commode et la plus économique pour le transport des marchandises, surtout celles d'un grand volume et d'un grand poids; que les peuples les plus civilisés de l'antiquité s'occupèrent dans tous les temps de la navigation des rivières; que l'invasion des barbares, et plus tard, la féodalité arrêtèrent ces améliorations sociales; qu'au déclin du moyen-âge, lorsque le commerce commença à renaître, les cours d'eau furent utilisés de nouveau, notamment par les Anglais, qui en ont tiré un parti immense; qu'une foule de faits concourent à prouver que la France n'a qu'à vouloir pour recueillir les mêmes avantages.

2° En faisant l'esquisse historique des travaux exécutés pour perfectionner le lit de la Dordogne, nous avons vu que cette rivière avait attiré l'attention des hommes éclairés dès le douzième siècle; que sa partie basse, ainsi que les deux principaux affluens avaient reçu des amendemens utiles à différentes époques; que la partie qui nous occupe avait été concédée à une compagnie chargée d'en opérer le balisage, moyennant un droit de péage; que si cette opération intéressante n'avait pas eu lieu, il ne fallait l'attribuer ni aux difficultés, ni au peu d'importance de cette rivière, mais seulement aux malheurs des temps.

3° L'examen du cours de la Dordogne, depuis sa source jusqu'à Bort, a montré qu'elle baigne une contrée riche en houille et en minérai de fer; que le manque absolu de routes y arrête toutes les entreprises industrielles; qu'il importe au département du Puy-de-Dôme de s'occuper de cette partie de son territoire qui peut lui fournir de la fonte et du fer en bonne qualité et à bon compte; que, d'ailleurs, il est juste en même temps que profitable d'y créer de l'industrie, parce que le climat ne permet pas aux habitans de subsister par l'agriculture.

4° L'étude de la rivière entre Bort et Argentat, a attiré particulièrement notre attention. Nous avons divisé cette partie de son cours en deux parties : La première, entre Bort et l'embouchure de la Sumène, présente, nous ne l'avons pas dissimulé, des obstacles sérieux; la seconde, de ce dernier point à Argentat, n'offre que quelques rochers qu'il est facile d'enlever. Ces considérations nous ont fait conclure à ce qu'il ne soit alloué provisoirement que les fonds nécessaires pour perfectionner la Dordogne jusqu'au petit port de Chanuscle, sauf à étudier plus amplement et à mettre plus tard à exécution les moyens de vaincre les difficultés qu'elle présente plus haut, et notamment dans la partie dite les *Gorges*.

5° Continuant notre examen, nous avons signalé les principaux obstacles qui entravent la navigation jusqu'à la Vézère, et nous les avons classés par départemens; puis, recherchant l'importance de la navigation ascendante, nous avons exprimé le vœu qu'elle fût rendue praticable de Souillac jusqu'à Beaulieu. Cette amélioration fluviale intéresse particulièrement le Limousin et la Haute-Auvergne. Notre attention s'est portée ensuite sur le commerce et les besoins des villes qui bordent la Dordogne jusqu'à la mer.

6° Notre sixième chapitre a été consacré à faire connaître les divers terrains houillers susceptibles d'exploitation qui pourraient alimenter le vaste bassin de la Gironde; nous avons fait voir que l'état actuel de la rivière ne permettait pas même à l'exploitation la plus rapprochée, celle d'Argentat, d'utiliser ces heureux accidens géologiques; que les particuliers ne pouvaient rien sans le secours du gouvernement. Cet état d'impuissance nous a amené à faire des réflexions sur les inconvéniens de faciliter l'entrée de la houille étrangère, avant d'avoir amélioré les rivières qui peuvent apporter en concurrence sur les mêmes points la houille nationale.

7° Enfin, nous avons terminé notre travail en récapitulant les avantages que le commerce retirerait du perfectionnement de la Dordogne; nous avons dit, appuyé sur des données positives, que l'économie faite sur le transport du merrain serait profitable au commerce et à la propriété; que les forêts d'arbres résineux, jusqu'ici non exploitées, deviendraient une source de richesses pour les populations pauvres et oisives qui les avoisinent, et que les maîtres de forges du Périgord trouveraient un immense avantage à recevoir de la houille du Cantal et de la Corrèze, attendu que l'augmentation croissante du prix des bois paralyse tous leurs efforts pour arriver à une diminution des frais de fabrication; qu'en facilitant les expéditions des fromages vers l'Océan, c'est-à-dire un des produits les plus importans de l'Auvergne, on rendrait un service immense à ce pays, surtout s'il était possible que cette denrée vînt à passer la ligne sans se détériorer; que de bonnes communications encourageraient la création de manufactures de différentes espèces; enfin, que la ville de Bordeaux elle-même était intéressée au perfectionnement de la Dordogne sous plusieurs rapports, alors même que le canal latéral à la Garonne viendrait à lui ouvrir une voie plus commode pour arriver au canal du Languedoc.

Puissent ces observations, écrites avec sincérité, attirer bientôt, dans les contrées dont nous venons de parler, le mouvement industriel et commercial que le Gouvernement doit étendre à tous les départemens!

PIÈCES JUSTIFICATIVES

SUR LE

BALISAGE DE LA DORDOGNE.

Extrait du procès-verbal des délibérations du Conseil d'arron-dissement de Mauriac.

SÉANCE DU 27 JUIN 1834.

Le conseil, après avoir entendu la lecture du projet conçu par M. Mignot, de rendre la Dordogne navigable de Bort à Argentat, au moyen d'un balisage, reconnaît les avantages immenses que procurerait aux départemens du Cantal et de la Corrèze l'établissement de ce nouveau moyen de communication par lequel ils pourraient écouler leurs produits indigènes et introduire avec une diminution de frais de transport les vins, les huiles, le fer et le sel dont sont dépourvues les communes situées sur cette partie du littoral de la Dordogne.

Le conseil verrait avec reconnaissance que le conseil général voulût bien accorder son assentiment à ce projet et le recommander à l'autorité supérieure, pour que l'on fît examiner par des ingénieurs le lit de la rivière et étudier avec soin les difficultés que son cours peut présenter.

Pour extrait conforme :

Le Sous-Préfet de Mauriac,

A. CHAUVY.

Extrait du procès-verbal des délibérations du Conseil-général du département du Cantal.

SÉANCE DU 17 JUILLET 1834.

Des raisons de même nature militent en faveur du balisage et de la navigation descendante de la Dordogne de Bort à Argentat.

Les belles mines dont le gisement est reconnu aux abords de cette rivière ou de ses affluens, les grandes forêts qui couvrent toutes les berges et dont les immenses produits sont perdus parce que l'exploitation en est maintenant impossible, tiennent une majeure partie du sol de ce département.

Ces considérations font ressortir de plus tout le profit qu'il retirerait de la réalisation d'un projet auquel le conseil général s'associe de tous ses vœux.

Pour extrait conforme :

Le Conseiller de préfecture secrétaire-général,

F. JOESIN.

Extrait du registre des délibérations du Conseil-général du département de la Corrèze.

SÉANCE DU 21 SEPTEMBRE 1835.

Les besoins du commerce et de l'industrie réclamant impérieusement l'amélioration du cours de la Dordogne, le conseil offre de contribuer jusqu'à concurrence du quart aux dépenses nécessaires pour le balisage, évalué à 28,000 fr.

Il autorise en conséquence M. le Préfet à prélever, s'il y a lieu, le montant de cette contribution sur le crédit alloué aux routes départementales. Il renouvelle ses instances pour que la navigation de la Dordogne soit étudiée et comprise dans les encouragemens accordés par l'état.

Les membres du conseil général ont signé au registre des délibérations.

Pour extrait conforme :

Pour le Conseiller de préfecture secrétaire-général, empéché,
le Conseiller de préfecture délégué,

CHARAIN.

Extrait du registre des délibérations du conseil d'arrondissement d'Ussel, département de la Corrèze.

SESSION DE 1836.

Le balisage de la Dordogne étant décidé jusqu'à Saint-Thomas, c'est-à-dire jusqu'au confluent de la Rue, et à une très-petite distance de la ville de Bort, il serait à désirer qu'il fût continué jusqu'à ce dernier endroit. Outre les avantages réels qu'en recueillerait Bort, il est certain qu'il n'y aurait à faire que très-peu de sacrifices. Ces travaux seraient d'autant plus avantageux que, plus tard, leurs résultats certains pourraient donner l'idée d'un canal qui commencerait à Bort et qui remonterait le Chavanon, pour de là passer dans la vallée de la Tarde et aller rejoindre le canal du Cher à Montluçon. Ainsi se trouveraient en communication le bassin de la Loire et le bassin de la Gironde.

Certifié conforme :

L'auditeur au conseil-d'état, sous-préfet d'Ussel,

DE LAPREUVE.

Extrait du registre des délibérations du Conseil-général du département de la Corrèze.

La navigation descendante de la Dordogne présente de graves dangers, et déjà de nombreux accidens ont appelé sur ce point toute la sollicitude de l'administration. Une somme de 8,000 francs a été accordée sur le budget de 1836; mais cette somme ne permettra de faire que de bien légères améliorations.

Le conseil appelle avec instance l'attention du gouvernement sur l'importance dont pourrait être, pour le commerce et l'industrie, la navigation de la Dordogne coordonnée à un système général de canalisation, qui embrasserait tous les fleuves et les grandes rivières de France; et il exprime le vœu pour que les travaux d'étude commencés à cet effet pour l'exploration du lit et du cours de la Dordogne, se poursuivent avec activité.

Il exprime surtout le vœu pour que des allocations plus fortes soient faites par le Ministre pour continuer le balisage de cette rivière jusqu'à Bort.

Pour extrait conforme :

Le Conseiller de préfecture secrétaire-général,

BEDOCH.

Extrait de la deuxième partie du procès-verbal du Conseil général du département du Cantal.

Une opération à laquelle l'assemblée n'attache pas moins d'importance est le balisage de la Dordogne depuis Argentat jusqu'à Bort. Dès long-temps elle sollicite l'exécution de ce projet. Déjà le balisage est étudié jusqu'à Arches. Les travaux sont commencés, mais en amont de ce point, il n'a pas encore été tenté; cependant les richesses que cette opération rendrait exploitables, les mines de houilles , les forêts existantes dans le voisinage , la recommandent bien puissamment à l'administration générale. Une espérance est donnée à ce sujet par M. le Préfet, qu'il va prescrire des études : le conseil général insiste pour que ces prescriptions soient transmises aux ingénieurs dans le plus court délai. Le département du Cantal, l'arrondissement de Mauriac surtout, les départemens voisins, tous ceux que longe ou que traverse la Dordogne, recueilleront d'incalculables avantages produits par les travaux peu dispendieux à faire d'ailleurs.

Copie d'une lettre écrite le 24 septembre 1836, par M. le Conseiller-d'état directeur-général des ponts et chaussées et des mines, à M. le Préfet du département du Cantal.

Monsieur le Préfet, j'ai reçu avec la lettre que vous m'avez fait l'honneur de m'écrire le 19 de ce mois, copie de la délibération du conseil général de votre département, par laquelle il a renouvelé le vœu que l'on s'occupât du balisage de la Dordogne, d'Argentat à Bort, et que la canalisation du Lot fût continuée jusqu'à Entraigues.

Je vous remercie de cet envoi et je ne perdrai pas de vue le vote émis par le conseil général.

Recevez, M. le Préfet, etc.

Le conseiller-d'état directeur-général des ponts et chaussées et des mines,

Signé : **LEGRAND.**

TABLE DES MATIÈRES.

ERRATA.

Page 3o, ligne 11, *au lieu de* Sarrona, *lisez* Sarrons.
Page 41, ligne 27, *au lieu de* 1776, *lisez* 1676.
Page 47, ligne 8, *au lieu de* Mandouce-Badafol, *lisez* Mandouc-Badaffol.
Page 5o, ligne 15 et en marge, *au lieu de* St-Mart, *lisez* St-Mer.
Page 51, ligne 8 et en marge, *au lieu de* Gros-Chaston, *lisez* Gros-Chastan.
Page 57, ligne 2, *au lieu de* mayrès, *lisez* maigres.

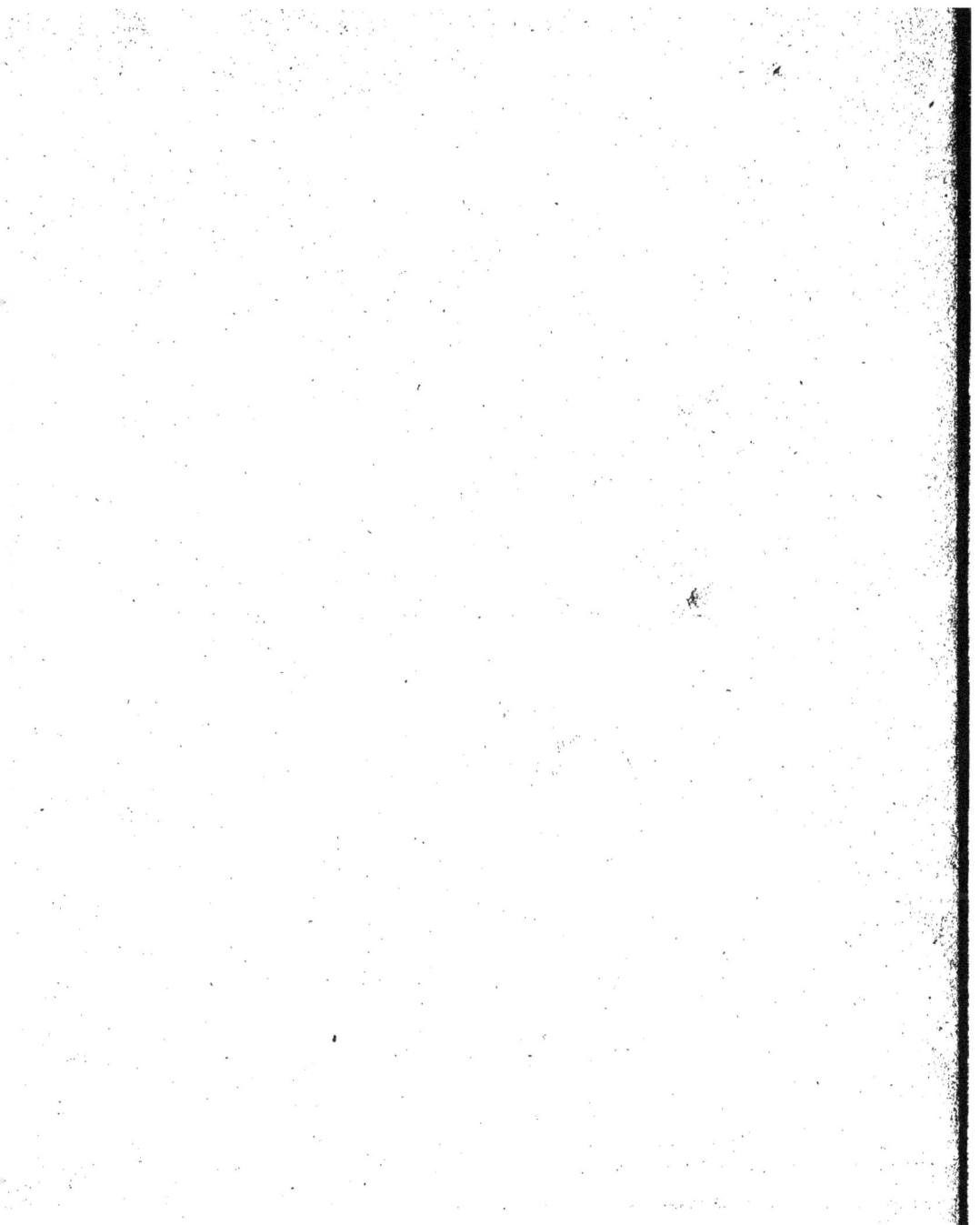

www.ingramcontent.com/pod-product-compliance
Lightning Source LLC
Chambersburg PA
CBHW050556210326
41521CB00008B/1001